# 中国古代天文历法

徐 潜 主编

吉林文史出版社

**图书在版编目（CIP）数据**

中国古代天文历法／徐潜主编 .—长春：吉林文史
出版社，2013.4（2023.7 重印）
　ISBN 978-7-5472-1519-7

　Ⅰ.①中…　Ⅱ.①徐…　Ⅲ.①天文学史-中国-
古代-普及读物　②古历法-中国-普及读物　Ⅳ.
①P1-092　②P194.3-49

中国版本图书馆 CIP 数据核字（2013）第 063613 号

## 中国古代天文历法
ZHONGGUO GUDAI TIANWEN LIFA

主　　编　徐　潜
副主编　张　克　崔博华
责任编辑　张雅婷
装帧设计　映象视觉
出版发行　吉林文史出版社有限责任公司
地　　址　长春市福祉大路 5788 号
印　　刷　三河市燕春印务有限公司
版　　次　2013 年 4 月第 1 版
印　　次　2023 年 7 月第 4 次印刷
开　　本　720mm×1000mm　1/16
印　　张　12
字　　数　250 千
书　　号　ISBN 978-7-5472-1519-7
定　　价　45.00 元

# 序　言

　　民族的复兴离不开文化的繁荣,文化的繁荣离不开对既有文化传统的继承和普及。该书就是基于对中国文化传统的继承和普及而策划的。我们想通过这套图书把具有悠久历史和灿烂辉煌的中国文化展示出来,让具有初中以上文化水平的读者能够全面深入地了解中国的历史和文化,为我们今天振兴民族文化,创新当代文明树立自信心和责任感。

　　其实,中国文化与世界其他各民族的文化一样,都是一个庞大而复杂的"综合体",是一种长期积淀的文明结晶。就像手心和手背一样,我们今天想要的和不想要的都交融在一起。我们想通过这套书,把那些文化中的闪光点凸现出来,为今天的社会主义精神文明建设提供有价值的营养。做好对传统文化的扬弃是每一个发展中的民族首先要正视的一个课题,我们希望这套文库能在这方面有所作为。

　　在这套以知识点为话题的图书中,我们力争做到图文并茂,介绍全面,语言通俗,雅俗共赏。让它可读、可赏、可藏、可赠。吉林文史出版社做书的准则是"使人崇高,使人聪明",这也是我们做这套书所遵循的。做得不足之处,也请读者批评指正。

编　者

2014 年 2 月

# 目 录

# 二十四节气

　　二十四节气是我国劳动人民创造的辉煌文化，它能反应季节变化，知道农事活动，影响着千家万户的衣食住行。由于两千年来，我国的主要政治活动中心多集中在黄河流域，二十四节气也就是以这一带的气候、物候为依据建立起来的。

# 一、二十四节气的来历

我国是最早的农耕发达国家之一，先民在长期的农业生产中，十分重视天时的作用。《韩非子》中说道："非天时，虽十尧不能冬生一穗。"北魏贾思勰在其所著的《齐民要术》中也提出"顺天时，量地利，则用力少而成功多，任情返道，劳而无获"。天时对农业生产起着重要的作用。

那么，"天"是什么呢？按现代的说法，"天"指的是宇宙和地球表面的大气层。大气层中出现的种种气象现象，阴晴冷暖，雨雪风霜，直接影响着农业生产。比如，今年五谷丰收，我们说"老天爷帮了忙"；要是减产歉收，我们就说"老天不开眼"。从农业生产角度看，"天"指的是气象条件，说得确切些，指的是农业生产气象条件。天时的"时"，农业活动的"时"，不是简单地指时间历程，它要求能反映出农业气象条件，反映四季冷暖及阴晴雨雪的变化。

二十四节气之中的节气，是表示一年四季天气变化与农业的生产关系的。在我国古代，节气简称气，这个"气"，也就是天气、气候的意思。

二十四节气起源于黄河流域。远在春秋时代，就已定出仲春、仲夏、仲秋和仲冬四个节气。以后不断地改进与完善，到秦汉年间，二十四节气已完全确立。公元前104年，由邓平等制定的《太初历》，正式把二十四节气订于历法，明确了二十四节气的天文位置。

地球自转一周为一天，围绕太阳公转一周为一年。节气就是根据地球绕太阳公转一周的轨道位置，以及地球自转轴（地球南北两极的连线）和公转轨道（黄道面）斜交成的角度而划分的。二十四个节气，也就是表示地球在公转轨道上二十四个不同的位置。由于地球在公转轨道上的位置不同，就使得太阳光射在地球上的位置有时偏南，有时偏北，有时又直射在赤道上。这样，就引起了气候和昼夜长短的变化。

地球围绕太阳旋转的轨道面的圆周

中国古代天文历法

是三百六十度。我们的祖先就是根据太阳直射在地球不同位置的气候变化情况，每隔十五度，划分一个节气，每个节气相隔约十五天。这样，每个月就有两个节气，一年十二个月，刚好合成二十四个节气。其中，每月第一个节气为"节气"，即：立春、惊蛰、清明、立夏、芒种、小暑、立秋、白露、寒露、立

冬、大雪和小寒十二个节气；每月的第二个节气为"中气"，即：雨水、春分、谷雨、小满、夏至、大暑、处暑、秋分、霜降、小雪、冬至和大寒十二个节气。"节气"和"中气"交替出现，各历时十五天，现在人们已经把"节气"和"中气"统称为"节气"。节气表示气候情况的变化，二十四个节气就是按照一年气候的变化情况，平均划分为二十四个阶段的意思。

其中立春、春分、立夏、夏至、立秋、秋分、立冬、冬至用来划分一年四季；"二分""二至"是季节的转折点；"四立"表示季节的开始；小暑、大暑、处暑、小寒、大寒，表示一年中最热、最冷的时期；白露、寒露、霜降反映气温下降的过程与程度；雨水、谷雨、小雪、大雪反映降雨降雪时期和程度；惊蛰、清明、小满、芒种反映季节和农作物的生长现象。

为了便于记忆，祖先们根据上面节气名称的顺序，编写了一首二十四节气歌：

春雨惊春清谷天，夏满芒夏暑相连，

秋处露秋寒霜降，冬雪雪冬小大寒。

这首节气歌，每句中除一两个字外，其余每一个字都代表一个节气。如第一句"春雨惊春清谷天"，除天字外，其余各字就是代表（立）春、雨（水）、惊（蛰）、春（分）、清（明）、谷（雨）六个节气。其余的各句也可以照此类推。

# 二、二十四节气的划分

## （一）春

### 1. 立春(2 月 3—5 日)

立春是二十四节气中的第一个节气，是春季的第一天，立春表示春天来了。在古时对农业来说，立春是一个非常重要的日子，也就是说从这一天开始，和煦的东风代替了严酷的北风，冬天的寒冰逐渐解冻，河水又开始潺潺流淌，地气上升了，草木欣欣然透出了绿意，虫蚁也蠢蠢欲动，整个大地逐渐苏醒。

立春之日，距离上一年的最后一个节气大寒大约十五天左右，通常会出现在农历的正月初几，但有时也会出现在前一年的十二月末。也有立春这天恰巧是元旦的，像清乾隆三十七年（1772 年）、嘉庆十五年（1810 年），但这种情形十分难得，所以谚语说："百年难遇岁朝春。"二十四节气是农民一年耕稼行事依据的节历，所以立春在民国以后被政府颁订为"农民节"。

立春在古代曾有许多有趣的节礼习俗。

在这一日，古代的皇帝须斋戒沐浴，率领文武百官举行祭典，一则迎春，一则劝农，鼓励大家在新的一年里做好农务。他们祈求这一天是晴朗的日子，千万不要下雨，因为晴天将预兆这一年风调雨顺，五谷丰收，如果是雨天则预兆这一年气候反常，五谷歉收。

南北朝时，在立春这天，人们把彩绢剪成燕子的形状，佩戴在身上，用燕子的归来表示春临大地，家家户户将"宜春"两个大字贴于门上。

立春还有"打春牛"之俗。打春牛是一种策励农耕的仪式，怕牛在休息

了一个冬天后，变得懒散了，所以
用彩鞭木棍打打它，称为"打春
牛"。春牛通常是由土做成的土牛。
人们把土牛打碎了，牛肚子里露出
预先藏好的另一只小土牛。这时，
四周围观的百姓争着上前抢夺打碎
的春牛，据说春牛角上的土能使农
田丰收，牛身上的土放在家里则宜
养蚕，牛眼之土还能和药治病。而

城里更出现了卖"小春牛"的贩子，土塑的小牛站在彩纸雪柳缭绕的栏座上，
四周还点缀了土塑的百戏杂耍人物，让人爱不释手。

明清时，各地的人都在立春这天打春牛，唯一例外的是江苏的徐州人。徐
州人相信如果立春打春牛的话，万一被蝎子咬了就会不治而死。

在北方，立春这天要吃生萝卜或春饼，称为"咬春"，街头巷尾一整天都是
卖生萝卜的小贩，半夜里还可以听到他们那"赛过脆梨"的吆喝叫卖声。

等过了这些如打春牛、迎句芒神、咬春等热闹有趣的立春节俗，大家都知
道春天来了。

2. 雨水(2月18—20日)

雨水是正月的中气，为一年中的第二个节气。这时大地正吹着和煦的春风，
高山的积雪融化了，雪水从山上流向平地，水分多了，湿气加重，自然雨水也
多了，因此继立春之后的节气，就称之为雨水，春雨绵绵乃是常见的情景。

雨水是农民最盼望老天恩赐的礼物，在春季里，绵密的雨水表示今年将是
丰收的一年。阳光与雨水是农作物生长最需要的两样东西，农夫在一年四季里，
春耕夏耘秋收冬藏，如果春季的雨水不够充沛，将导致无法顺利耕种，这一年
的收成就会大受影响，因此，此时此刻，只有绵密的雨水，才会带来丰收的
希望。

我国古代将雨水分为三候："一候獭祭鱼；二候鸿雁来；三候草木萌动。"
雨水节气时，水獭开始捕鱼了，将鱼摆在岸边如同先祭后食的样子；五天过后，
大雁开始从南方飞回北方；再过五天，在"润物细无声"的春雨中，草木随地
中阳气的上升而开始抽出嫩芽。从此，大地开始呈现出一派欣欣向荣的景象。

雨水季节，天气变化不定，是全年寒潮出现最多的时节之一，忽冷忽热，乍暖还寒的天气对已萌动和返青的作物、林、果等的生长及人们的健康危害很大。在注意做好农作物、大棚蔬菜以及公交部门防寒防冻工作的同时，也要注意个人的保健工作，以防止冬末春初感冒等流行疾病的发生。

雨水不是节日，所以一般百姓在雨水这天没有任何过节的礼俗。对农夫而言，雨水这天最宜种稻和移植柑橘了。所以农谚说："雨水种落水（稻）。"也有："雨水节，接柑橘。"

3. 惊蛰(3 月 5—7 日)

惊蛰是仲春二月的节气。这一时期气温不断上升，大地陆续解冻，桃花即将开放，树上的小鸟开始鸣叫，春雷乍响，蛰伏过冬的各种动物与昆虫都被惊醒，开始出来活动，因此该节气称为惊蛰。

我国古代将惊蛰分为三候："一候桃始华；二候仓庚（黄鹂）鸣；三候鹰化为鸠。"描述已是桃花红、李花白，黄莺鸣叫、燕飞来的时节，大部分地区都已进入了春耕阶段。惊醒了蛰伏在泥土中冬眠的各种昆虫的同时，过冬的虫卵也要开始卵化，由此可见惊蛰是反映自然物候现象的一个节气。

"春雷响，万物长"，惊蛰时节正是大好的"九九"艳阳天，气温回升，雨水增多。除东北、西北地区仍是银装素裹的冬日景象外，我国大部分地区日平均气温已升到零摄氏度以上，华北地区日平均气温为三至六摄氏度，江南为八摄氏度以上，而西南和华南已达十至十五摄氏度，早已是一派融融春光了。所以我国劳动人民自古以来就很重视惊蛰节气，把它视为春耕开始的日子。唐诗有云："微雨众卉新，一雷惊蛰始。田家几日闲，耕种从此起。"也有"过了惊蛰节，春耕不能歇""九尽杨花开，农活一齐来"的农谚。此时华北冬小麦开始返青生长，土壤仍冻融交替，及时耙地是减少水分蒸发的重要措施。"惊蛰不耙地，好比蒸馍走了气"，这是当地人民防旱保墒的宝贵经验。江南小麦已经拔节，油菜也开始见花，对水、肥的要求均很高，应适时追肥，干旱少雨的地方应适当浇水灌溉。南方雨水一般可满足菜、麦及绿肥作物春季生长的需要，防止湿害则是最重要的。俗话说"麦沟理三交，赛如大粪浇""要得菜籽收，就要勤理沟"。必须继续搞好清沟沥水工作。华南地区早稻播种应抓紧进行，同时要做好秧田防寒工作。随着气温回升，茶树也渐渐开始萌动，应进行修剪，并追施"催芽肥"，促其多分枝，多发叶，提高茶叶产量。桃树、梨树、苹果树等要施好花前肥。

4. 春分(3月20—21日)

春分是二月的中气，古时又称为"日中""日夜分"。春分是反映四季变化的节气之一。我国古代习惯以立春、立夏、立秋、立冬表示四季的开始。春分、夏至、秋分、冬至则处于各季的中间。时序到了春分这一天，太阳正射在赤道上，不但昼夜长短相同，就连南北两半球的昼夜也一样长，此日正好将春季九十天等分，故称之为春分，过了这一天，白天逐渐比夜晚长了。

我国古代将春分分为三候："一候元鸟至；二候雷乃发声；三候始电。"就是说春分日后，燕子便从南方飞来了，下雨时天空便要打雷并伴有闪电。

据说春分时下雨，秋天的时候才会有好收成，春分前后，农人盼雨，因此才会有"春分有雨家家忙，先种麦子后插秧"的农谚。如果春分不下雨，表示节气乱了秩序，不但秋时收成不好，人还容易得病。

春分后，我国南方大部分地区越冬作物进入春季生长阶段。华中有"春分麦起身，一刻值千金"的农谚。南方大部分地区气温则继续回升，但一般不如雨水至春分这段时期上升得快。三月下旬华南北部平均气温多为十三至十五摄氏度，华南南部平均气温多为十五至十六摄氏度。高原大部分地区冰雪已经消融，旬平均气温约五至十摄氏度。我国南方河谷地区气温最高，平均已达十八至二十摄氏度左右。南方除了边缘山区以外，平均十年内有七八年日平均气温稳定上升到十二摄氏度以上，有利于水稻、玉米等作物播种，植树造林也非常适宜。但是，春分前后华南常常有一次较强的冷空气入侵，气温显著下降，最低气温可低至五摄氏度以下。有时还有小股冷空气接踵而至，形成持续数天低温阴雨天气，对农业生产极为不利。

5. 清明(4月4—6日)

清明是季春三月的第一个节气。时序到了季春，春光明媚，草木碧绿，大

地一片欣欣向荣，不但一切生物显得清净明朗，而且一切景象给人气清影明的感觉，因此称之为清明。

我国传统的清明节大约始于周代，至今已有二千五百多年的历史。清明是一个很重要的节气，清明一到，气温升高，正是春耕春种的大好时节，故有"清明前后，种瓜种豆""植树造林，莫过清明"的农谚。后来，由于清明与寒食的日子接近，而寒食是民间禁火扫墓的日子，渐渐地，寒食与清明就合二为一了，寒食既成为清明的别称，又成为清明时节的一个习俗，清明之日不动烟火，只吃凉的食品。

清明的习俗是丰富有趣的，除了讲究禁火、扫墓，还有踏青、荡秋千、蹴鞠、打马球、插柳等一系列风俗体育活动。相传这是因为清明节要寒食禁火，为了防止寒食伤身，所以大家应参加一些体育活动，锻炼身体。

清明节是中国最重要的传统节日之一。它不仅是人们祭奠祖先、缅怀先人的节日，也是中华民族认祖归宗的纽带，更是一个远足踏青、亲近自然的仪式。

6. 谷雨(4 月 19—21 日)

清明之后的第十五天是谷雨，这是暮春三月的中气。谷雨，这两个字具有雨生五谷的特殊含义。

我国古代将谷雨分为三候："第一候萍始生；第二候鸣鸠拂其羽；第三候为戴胜降于桑。"是说谷雨后降雨量增多，浮萍开始生长，接着布谷鸟便开始提醒人们播种了，然后便可以在桑树上见到戴胜鸟。

谷雨是春季的最后一个节气，常言道："清明断雪，谷雨断霜。"谷雨是北方春季作物播种、出苗的重要时节。谷雨后的气温回升速度加快，农业生产进入繁忙时期，雨量开始增多，五谷得以很好地生长。谷雨时期天气温和，水池中开始出现浮萍，桑树也长出了翠绿的新叶，江南许多地区开始采桑养蚕，农夫早已在田里播了种、插了秧，极需大量的雨水滋润田地，只有充沛的雨水才能使稻田迅速生长。谷雨时期雨水对谷类作物的生长发育影响很大。雨水适量有利于越冬作物的返青拔节和春播作物的播种出苗。古代所谓"雨生百谷"，反映了谷雨对古代农业的影响。但雨水过量或严重干旱，则往往造成危害，影响作物后期产量。渔民特别希望谷雨这一天下雨，据说若这天下雨，当年的鱼肯定丰收。

在江南地区，牡丹花又称"谷雨花"，因其在谷雨时节开花，故有"谷雨三朝看牡丹"之谚。凡有花之处，士女游观，宴饮赏花，号曰"花会"。山东、陕西等地，民间多贴厌蝎符于壁，符咒曰："谷雨日，谷雨日，奏请谷雨大将军。茶三盏，酒三巡，逆蝎千里化为尘。"

## (二)夏

### 1. 立夏(5 月 5—7 日)

立夏是孟夏四月的节气。"夏"是"大"的意思，到了农历四月，春天播种的作物逐渐长大，所以叫做立夏。立夏表示即将告别春天，夏日开始。人们习惯上都把立夏当做是温度明显升高，炎暑将临，雷雨增多，农作物进入旺季生长的一个重要节气。

我国古代将立夏分为三候："一候蝼蝈鸣；二候蚯蚓出；三候王瓜生。"即说这一节气中首先可听到蝼蝈在田间的鸣叫声，接着大地上便可看到蚯蚓掘土，然后王瓜的蔓藤开始快速攀爬生长。从这一天开始，天气逐渐炎热起来，青蛙开始鸣叫，蚯蚓出来走动，蔬菜绿了，瓜果熟了，蝶影飞舞，蝉声处处可闻。

立夏时节，万物繁茂。明人《莲生八戕》一书中写有："孟夏之日，天地始交，万物并秀。"这时夏收作物进入生长后期，冬小麦扬花灌浆，油菜接近成熟，夏收作物年景基本定局，故农谚有"立夏看夏"之说。而水稻栽插以及其他春播作物的管理也进入了大忙季节。立夏以后，江南正式进入雨季，雨量和雨日均明显增多，连绵的阴雨不仅导致作物的湿害，还会引起多种病害的流行，所以要抓紧时间做好防治。

我国古代很重视立夏节气。据记载，周朝时，立夏这一天，帝王要亲率文武百官到郊外"迎夏"，君臣穿着赤色的礼服、佩赤玉、坐赤色的马拉的赤色马车，车上的旗帜也是赤色的，

这样一群浩浩荡荡的赤色人马，让人看了都觉得热，觉得夏天快要临了。

立夏这天，樱桃、青梅、蚕豆、大麦等果物初熟，家家用这些东西来供神祭祖。感谢神明赐给一季的丰收，禀告祖先子孙有丰余的实物，也兼有人神共享的意思。

"民以食为天"，中国人逢年过节总有些别致而丰盛的吃食。立夏这天，各地百姓吃哪些过节的食品呢？江苏南京人在立夏这天吃豌豆糕，并且是坐在门槛上吃，他们认为这样可以使自己在工作时精神百倍，不打瞌睡。浙江定海人立夏这天吃带壳煮熟的鸡蛋或鸭蛋，认为这样可以使人像蛋一样肥白健康。除此之外，还吃刚开始产的竹笋，因为人们相信这样可以健脚（笋是竹的嫩芽，竹与足发音相似）。浙江新昌人除了上述食品外，还吃用糯米与乌鱼混合煮成的黑白相间的"花饭"，吃红烧黄鱼、卤蛋、蚕豆、樱桃和青梅等食物。

### 2. 小满(5 月 20—22 日)

小满是孟夏四月的中气，是二十四节气中第八个节气。"斗指甲为小满，万物长于此少得盈满，麦至此方小满而未全熟，故名也"。这是说从小满开始，北方大麦、冬小麦等夏收作物已经结果，籽粒渐见饱满，但尚未成熟，所以叫小满。谚云："小满三天见麦黄。"就是说，小满之后就要准备收割小麦了。

我国古代将小满分为三候："一候苦菜秀；二候靡草死；三候麦秋至。"是说小满节气时，苦菜已经枝繁叶茂，而喜阴的一些枝叶细软的草类在强烈的阳光下开始枯死，此时麦子开始成熟。

小满是一个表示物候变化的节气。南方地区的农谚赋了小满以新的寓意，"小满不满，干断思坎""小满不满，芒种不管"。用"满"来形容雨水的盈缺，指出小满时田里如果蓄不满水，就可能造成田坎干裂，甚至芒种时也无法栽插水稻的情况。因为"立夏小满正栽秧""秧奔小满谷奔秋"，小满正是适宜水稻栽插的季节。小满过后，是全国农民最忙碌的季节，黄河流域收麦，长江流域割稻，东北地区开始种植大豆、大麦与棉花，珠江流域则播种二次稻。

从气候特征来看，在小满节气到下一个芒种节气期间，全国各地都逐渐进入了夏季，南北温差进一步缩小，降水进一步增多。此时宜抓紧对麦田虫害的防治，预防干热风和突如其来的雷雨大风的袭击。南方宜抓紧水稻的追肥、耘禾，促进分蘖，晴天抓紧进行夏熟作物的收打和晾晒。小满节气之后人们特别关注气象问题，它是收获的前奏，也是炎热夏季的开始，更是疾病容易出现的时候。建议人们要有"未病先防"的养生意识，从增强机体的正气和防止病邪的侵害这两方面入手。

3. 芒种(6 月 5—7 日)

芒种是农历五月的节气，是因为这一时节谷物开出了芒花而得名。芒种这个节气常在端午的前后，此时气候炎热，稻麦等有芒的农作物开始成熟，因此称之为芒种。芒种的"芒"字，是指麦类等有芒植物的收获，芒种的"种"字，是指谷黍类作物播种的节令。因此，"芒种"也称为"忙着种"，是农民朋友们播种、下地最为繁忙的时期。

我国古代将芒种分为三候："一候螳螂生；二候鹏始鸣；三候反舌无声。"在这一节气中，螳螂在去年深秋产的卵因感受到阴气而破壳生出小螳螂。喜阴

中国古代天文历法

的伯劳鸟开始在枝头出现，并且感阴而鸣。与此相反，能够学习其他鸟鸣叫的反舌鸟，却因感应到了阴气的出现而停止了鸣叫。

据说从芒种那一天的晴雨，能预测农历五月与六月的雨水和干旱的情况，因此才有"四月芒种雨，五月无干土，六月火烧埔"的谚语，意思是说，芒种若下雨，则五月多雨，而六月干旱。

芒种表征麦类等有芒作物已成熟，是一个反映农业物候现象的节气。时至芒种，南方地区麦收季节已经过去，中稻、红苕移栽接近尾声。大部地区中稻进入返青阶段，秧苗嫩绿，一派生机。"东风染尽三千顷，折鹭飞来无处停"的诗句，生动地描绘了这时田野的秀丽景色。到了芒种时节，华南地区尚未移栽的中稻，应抓紧时间栽插，如果再推迟，因气温升高，水稻营养生长期缩短，而且生长阶段又容易遭受干旱和病虫害，产量不高。红苕移栽最迟也要赶在夏至之前，如果栽苕过迟，不但干旱的影响会加重，而且待到秋来时温度下降，不利于薯块膨大，产量也将明显降低。农谚"芒种忙忙栽"的道理就在于此。

4. 夏至(6 月 21—22 日)

夏至是五月的中气，这一天太阳直射在北回归线上，北半球昼最长，夜最短；南半球则相反，夜最长，昼最短。在中国人的观念里，夏至是阳气的至极，所以这一天白日最长，黑夜最短。过了夏至，阴气就一天比一天增多，一直到冬至这天，阴气到了最盛的顶峰，夜最长而昼最短。

夏至日是我国最早的节日。清代之前的夏至日全国放假一天，人们回家与亲人团聚畅饮。《礼记》中也记载了自然界有关夏至节气的明显现象："夏至到，鹿角解，蝉始鸣，半夏生，木槿荣。"夏至时节一切生物都呈现出成熟至极的现象：草木茂盛，花朵盛开，果实熟透了，麦穗结得满满地，青蛙不叫了，却处处听得到响彻云霄的蝉鸣声，草丛里常见到螳螂，还可以割下驯养的鹿的鹿角了。

过了夏至，我国南方大部分地区农业生产因农作物生长旺盛，杂草、病虫迅速滋长蔓延，因而也进入了田间管理时期，高原牧区则到了草肥畜旺的黄金季节。这时，华南西部雨水量显著增加，而且华南雨水量的分布形势由入春以来的东多西少逐渐转变为西多东少。如有夏旱，一般这时可望解除。夏至节气是华南东部全年雨量最多的节气，往后常受副热带高压控制，出现伏旱。为了增强抗旱能力，取得农业丰收，在这些地区抢蓄伏前雨水是一项重要措施。

夏至以后地面受热强烈，空气对流旺盛，午后至傍晚常易形成雷阵雨。这种热雷雨骤来疾去，降雨范围小，人们称"夏雨隔田坎"。唐代诗人刘禹锡在南方曾巧妙地借喻这种天气，写出"东边日出西边雨，道是无晴却有晴"的著名诗句。

"不过夏至不热""夏至三庚数头伏"。天文学上规定夏至为北半球夏季开始，但是地表接收的太阳辐射热量仍比地面反辐射放出的热量多，气温继续升高，所以夏至日不是一年中天气最热的时节。大约再过二三十天，就是最热的天气了。夏至后进入伏天，北方气温高，光照足，雨水增多，农作物生长旺盛，杂草、害虫迅速滋长蔓延，需加强田间管理，有"夏至棉田草，胜如毒蛇咬""夏至进入伏天里，耕地赛过水浇园""进入夏至六月天，黄金季节要抢先的农谚"。

### 5. 小暑(7 月 6—8 日)

小暑是农历六月的节气，暑表示炎热的意思，小暑为小热，还不是十分热。夏季从立夏、小满、芒种、夏至到了小暑，随着节气的改变，天气越来越热，由于还没热至极点，因此称之为小暑。再过十五天，气温更热了。

我国古代将小暑分为三候："一候温风至；二候蟋蟀居宇；三候鹰始鸷。"小暑时节大地上便不再有一丝凉风，而是风中都带着热浪。《诗经?七月》中描

述蟋蟀的字句有："七月在野，八月在宇，九月在户，十月蟋蟀入我床下。"文中所说的八月即是夏历的六月，即小暑节气之时，由于天气炎热，蟋蟀离开了田野，到庭院的墙角下以避暑热；在这一节气中，老鹰因地面气温太高而在清凉的高空中活动。

小暑时节，江淮流域梅雨即将结束，盛夏开始，气温升高，并进入伏旱期。而华北、东北地区进入多雨季节，热带气旋活动频繁，登陆我国的热带气旋开始增多。小暑后南方应注意抗旱，北方须注意防涝。全国的农作物都进入了苗壮成长阶段，此时需要加强田间管理。

民间认为，小暑天气炎热与否，也跟收成息息相关。如果小暑过于炎热，那么稻麦就多不结实，那年的冬天一定多雨多雪，给农家百姓带来灾害。只有小暑不太炎热，而大暑很炎热，农作物才会有好收成。

6. 大暑(7 月 22—24 日)

大暑是农历六月的中气，大暑就是比小暑还要热的天气。小暑之后，气温慢慢爬升，一天比一天热，到了十五天之后的大暑，温度高得令人难受，达到了一年中温度的最高点。

我国古代将大暑分为三候："一候腐草为萤；二候土润溽暑；三候大雨时行。"世上萤火虫约有两千多种，分水生与陆生两种，陆生的萤火虫产卵于枯草上，大暑时，萤火虫孵化而出，所以古人认为萤火虫是腐草变成的。第二候是说天气开始变得闷热，土地也很潮湿。第三候是说时常有大的雷雨出现，大雨使暑湿减弱，天气开始向立秋过渡。

大暑前后气温高本是气候正常的表现，因为较高的气温有利于作物扬花灌浆，但是气温过高，农作物生长反而会受到抑制，水稻结实率明显下降。华南西部入伏后，光、热、雨水都处于一年的高峰期，三者相互作用，形成促进大春作物生长的良好气候条件，但是需要注意防洪排涝。华南东部这时高温长照却往往与少雨相伴出现，不仅会限制光热优势的发挥，还会加剧伏旱对大春作物的不利影响，为了抗御伏旱，除了前期要注意蓄水以外，还应该根据华南东部的气候特点，改进作物栽培措施，以趋利避害。这时正值"中伏"前后，是一年中最热的时期，气温最高，农作物生长最快，大部分地区的旱、涝、风灾也最为频繁，抢收抢种，抗旱排涝防台和田间管理等任务很重。

大暑时节，细菌繁殖得很快，容易发生瘟疫。如果瘟疫来了，到了大暑时还没消除，沿海居民有送"大暑船"出海的习俗，借此把瘟神送走，"大暑船"就是今日俗称的"王船"。

从大暑至处暑的三十天，是肠炎、痢疾、脑炎、登革热等疾病最猖獗的时期，所以应特别注意饮食与环境卫生。

### （三）秋

**1. 立秋（8 月 7—9 日）**

到了立秋，梧桐树开始落叶，因此才有"落一叶而知秋"的说法。

立秋是农历七月的第一个节气。虽然是立秋，然而炎热的天气必须过了处暑到白露时，才会转凉，换言之，从立秋开始，还会热大约三十天左右。我们形容一种热得令人十分难受，甚至有刺痛之感的气候为"秋老虎"。那正是立秋之后的天气，在立秋之后，午后的阵雨逐渐减少，因此被大太阳一晒，往往令人觉得比大暑时还要难受。

我国古代将立秋分为三候："一候凉风至；二候白露生；三候寒蝉鸣。"是说立秋过后，刮风时人们会感觉到凉爽，此时的风已不同于暑天的热风。接着，大地上早晨会有雾气产生。并且感阴而鸣的寒蝉也开始鸣叫。

虽然时序到了立秋，但是全国各地感受到秋意的时间却不同。秋来最早的黑龙江和新疆北部地区也要到八月中旬入秋，一般年份里，首都北京九月初开始秋风送爽，秦淮一带秋天从九月中旬开始，十月初秋风吹至浙江丽水、江西南昌、湖南衡阳一线，十一月上中旬秋的信息才到达雷州半岛，而当秋的脚步到达"天涯海角"的海南崖县时已快到新年元旦了。

秋的意思是暑去凉来，秋天开始。古人把立秋当做夏秋之交的重要时刻，一直很重视这个节气。在中国古代，立秋这天有许多迎秋的礼俗。周朝时，天子要亲率三公九卿诸侯大夫，到京城西郊迎秋。东汉时，洛阳城里的百官，在立秋这天穿上黑领缘的内衣、白色的外衣，到城外西郊迎秋，礼毕之后换穿上红色的衣服，而后斩牲于郊东门以荐陵庙；将士也开始操练兵法，比赛骑射，并准备武事以捍卫国家；司法官也开始整修法制、清理牢狱、平反冤狱，禁止奸邪。另外，不论朝廷或民间，在立秋收成之后，会挑选一个黄道吉日祭拜，一方面感谢上苍与祖先的庇佑，另一方面则品尝新收成的米谷，以庆祝五谷丰收。

### 2. 处暑(8 月 22—24 日)

处暑是农历七月的中气。"处"的意思是退隐，处暑的意思是炎热即将过去。然而事实并非如此，到了处暑天气仍旧很热，一句"处暑处暑，热死老鼠"的谚语，就可以看出"秋老虎"的威力。

我国古代将处暑分为三候："一候鹰乃祭鸟；二候天地始肃；三候禾乃登。"此节气中老鹰开始大量捕猎鸟类；天地间万物开始凋零；"禾乃登"的"禾"是黍、稷、稻、粱类农作物的总称，"登"即成熟的意思。

处暑以后，秋天已然来临，天地间出现了肃杀之气，对于古代中国人来说，这时是出征杀伐的最佳时期，既不会妨碍农事，也配合了秋天的气氛。官吏也多半在这时处决死囚，称之为"秋决"。

处暑天里也是农作物收成的时刻，经过了春耕夏种，半年辛劳，到了秋天处暑，田里放眼望去，尽是一片金黄。笑容满面的农夫在收成后，还要举行谢田神、谢土地公和祭祖的仪式。处暑的十五天里，常碰到七夕和中元两个节日，农家在七夕和中元都有祭神之仪。

处暑以后，我国大部分地区日夜温差增大，昼暖夜凉的条件对农作物体内干物质的制造和积累十分有利，庄稼成熟较快，民间有"处暑禾田连夜变"之说。黄淮地区及江南早中稻正成熟收获，连阴雨是这时的主要不利天气。而对于正处于幼穗分化阶段的单季晚稻来说，充沛的雨水又显得十分重要，遇到干旱要及时灌溉。

处暑以后，除华南和西南地区外，我国大部分地区雨季即将结束，降水逐渐减少。尤其是华北、东北和西北地区必须抓紧蓄水、保墒，以防秋种期间出现干旱而延误冬作物的播种期。

3. 白露(9 月 7—9 日)

白露是农历八月的节气，表征天气已经转凉。人们明显地感觉到炎热的夏天已过，凉爽的秋天已经到来了，因为白天的温度虽然仍达三十几摄氏度，可是夜晚之后，就下降到二十几摄氏度，两者之间的温差达十几摄氏度。

我国古代将白露分为三候："一候鸿雁来；二候元鸟归；三候群鸟养羞。"此节气正是鸿雁与燕子等候鸟南飞避寒，百鸟开始贮存干果粮食以备过冬的时候。可见白露实际上是天气转凉的象征。

阳气在夏至达到顶点，物极必反，阴气也在此时兴起。到了白露，阴气逐渐加重，清晨的露水随之日益加厚，凝结成一层白白的水滴，所以就称之为白露。俗语云："处暑十八盆，白露勿露身。"这两句话的意思是说，处暑仍热，每天须用一盆水洗澡，过了十八天，到了白露，就不要赤膊裸体了，以免着凉。还有句俗话："白露白迷迷，秋分稻秀齐。"意思是说，白露前后若有露，则晚稻将有好收成。此外，二十四节气的气候中，白露有着气温迅速下降、绵雨开始、日照骤减的明显特点，深刻地反映出由夏到秋的季节转换。

4. 秋分(9 月 22—24 日)

秋分是农历八月的中气。秋分这天，太阳直射在赤道上，昼夜长短平均，气候也不冷不热，恰到好处，这一天正好是秋季九十天之半，故称之为秋分，过了这一天，夜晚就逐渐比白天长了。

此时，阳光逐渐微弱，河水开始干涸，草木枯黄，飞鸟筑窝，万物开始凋萎了。古时以立秋后第五戊日为秋社(农村的社祭日)，并以秋社在秋分的前或后预测收成情况，谚语说："分后社，白米遍天下；社后分，白米像锦墩。"意思是说，秋社在秋分之后，则主丰收，秋分在秋社之后，则主歉收。

我国古代将秋分分为三候："一候雷始收声；二候蛰虫坯户；三候水始涸。"古人认为雷是因为阳气盛而发声，秋分后阴气开始旺盛，所以不再打雷了。第二候"蛰虫坯户"，坯是指细土，众多小虫都已经穴藏起来了，还用细土封实洞孔以避免寒气侵入。第三候"水始涸"，在华北地区春夏季降雨较丰沛，而到了秋天水气开始干涸，夜间无云，河川流量也开始变小。在中秋即有赏月、祭月的习俗。

按农历来讲，"立秋"是秋季的开始，到"霜降"为秋季终止，"秋分"正好是从立秋到霜降九十天的一半。从秋分这一天起，阳光直射的位置继续由赤道向南半球推移，北半球昼短夜长的现象将越来越明显（直至冬至日达到黑夜最长，白天最短）；昼夜温差逐渐加大，幅度将高于十度以上，气温逐日下降，逐渐步入深秋季节。南半球的情况则正好相反。

秋分时节，我国长江流域及其以北的广大地区，均先后进入了秋季，日平均气温都降到了二十二摄氏度以下。北方冷气团开始具有一定的势力，大部分地区雨季刚刚结束，凉风习习，碧空万里，风和日丽，秋高气爽，丹桂飘香，蟹肥菊黄。秋分是美好宜人的时节，也是农业生产上重要的节气，秋分后太阳直射的位置移至南半球，北半球得到的太阳辐射越来越少，而地面散失的热量却较多，气温降低的速度明显加快。有"一场秋雨一场寒""白露秋分夜，一夜冷一夜""八月雁门开，雁儿脚下带霜来"之说。东北地区降温早的年份，秋分见霜已不足为奇。

秋季降温快的特点，使得秋收、秋耕、秋种的"三秋"大忙显得格外紧张。秋分棉花吐絮，烟叶也由绿变黄，正是收获的大好时机。华北地区已开始播种冬麦，长江流域及南部广大地区正忙着收割晚稻，抢晴耕翻土地，准备油菜播种。秋分时节的干旱少雨或连绵阴雨是影响"三秋"正常进行的主要不利因素，特别是连阴雨会使即将到手的作物倒伏、霉烂或发芽，造成严重损失。"三秋"大忙，贵在"早"字。及时抢收，可使秋收作物免受早霜冻和连阴雨的危害，适时早播种冬作物，争取充分利用冬前的热量资源，培育壮苗安全越冬，为来年奠定下丰产的基础。"秋分不露头，割了喂老牛"，南方的双季晚稻正抽穗扬花，是产量形成的关键时期，低温阴雨形成的"秋分寒"天气，是双晚开花结实的主要威胁，必须认真做好预报和防御工作。

5. 寒露(10月8—9日)

寒露是农历九月的节气，由于气温变冷，使水气遇冷凝结成露水，因此称之为寒露，此时已进入深秋时节，大地一片萧瑟的景象，寒气逼人，鸟不再叫，虫不再鸣，落叶满地。

我国古代将寒露分为三候："一候鸿雁来宾；二候雀入大水为蛤；三候菊有黄华。"此节气中鸿雁排成一字或人字形的队列大举南迁。深秋天寒，雀鸟都不见了，古人看到海边突然出现很多蛤蜊，并且贝壳的条纹及颜色与雀鸟很相似，便以为是雀鸟变成的。第三候的"菊有黄华"是说在此时菊花已普遍开放。

白露后，天气转凉，开始出现露水，到了寒露，则露水增多，且气温更低。此时我国有些地区会出现霜冻，北方已呈深秋景象，白云红叶，偶见早霜，南方也秋意渐浓，蝉噤荷残。北京人登高习俗更盛，景山公园、八大处、香山等都是登高的好地方，重九登高节，更会吸引众多的游人。

古代把白露作为天气转凉变冷的表征。这时，我国南方大部分地区气温继续下降。华南日平均气温大多不到20℃，即使在长江沿岸地区，水银柱也很难升到30℃以上，而最低气温却可降至10℃以下。西北高原除了少数河谷低地以外，候（五天）平均气温普遍低于10℃，用气候学划分四季的标准衡量，已是冬季了。千里霜铺，万里雪飘，与华南秋色迥然不同。

寒露期间，华南雨量亦日趋减少，华南西部多在二十毫米上下，东部一般为三十至四十毫米左右。绵雨甚频，朝朝暮暮，冥冥霏霏，影响"三秋"生产，成为我国南方大部分地区的一种灾害性天气。伴随着绵雨的气候特征是：湿度大，云量多，日照少，阴天多，雾日亦自此显著增加。但是，秋绵雨严重与否，直接影响"三秋"的进度与质量。为此，一方面，要利用天气预报，抢晴天收获和播种。另一方面，也要因地制宜，采取深沟高厢等各种有效的耕作措施，减轻湿害，提高播种质量。在高原地区，寒露前后是雪害最严重的季节之一，积雪阻塞交通，危害畜牧业生产，应该注意预防。

6. 霜降(10 月 23—24 日)

寒露之后第十五天就是霜降，这是九月的中气，长江以北此时秋气肃杀，温度渐冷，夜晚的露水遇冷凝结为薄霜后降落，因此称之为霜降。

我国古代将霜降分为三候："一候豺乃祭兽；二候草木黄落；三候蛰虫咸俯。"此节气中豺狼将捕获的猎物先陈列后再食用，大地上的树叶枯黄掉落，蛰虫也全在洞中不动不食，垂下头来进入冬眠状态。

霜降时节，北方大部分地区已在秋收扫尾，即使是耐寒的葱，也不能再长了，因为"霜降不起葱，越长越要空"。在南方，却是"三秋"大忙季节，单季杂交稻、晚稻才开始收割，种早茬麦，栽早茬油菜；摘棉花，拔除棉秸，耕翻整地。"满地秸秆拔个尽，来年少生虫和病"。收获以后的庄稼地，都要及时把秸秆、根茬收回来，因为那里潜藏着许多越冬虫卵和病菌。

华中有段俗话："霜降见霜，米烂陈仓，霜降未见霜，贩米人像霸王。"它的意思是说，霜降时若降下厚厚的一层霜，把害虫杀死了，来年必定丰收，若霜降日见不到霜，那么来年将是荒年。

到了霜降，南方的广东人爱吃橄榄，据说霜降吃橄榄有助喉咙的健康，而北方人在霜降爱吃栗子，据说霜降吃新鲜栗子会永葆青春健康。

### （四）冬

#### 1. 立冬(11 月 7—8 日)

立冬是农历十月的节气。对"立冬"的理解，我们还不能仅仅停留在冬天开始的意思上。追根溯源，古人对"立"的理解与现代人一样，是建立、开始的意思。但"冬"字就不那么简单了，"冬"有终止、藏匿的意思，时序进入冬季，一切活动终止了，秋季作物全部收晒完毕，收藏入库，动物也已藏起来准备冬眠，因此称之为立冬，表示冬季开始，万物收藏，规避寒冷的意思。

我国古代将立冬分为三候："一候水始冰；二候地始冻；三候雉入大水为蜃。"此节气水已经能结成冰，土地也开始冻结，三候"雉入大水为蜃"中的雉即指野鸡一类的大鸟，蜃为大蛤，立冬后，野鸡一类的大鸟便不多见了，而海边却可以看到外壳与野鸡的线条及颜色相似的大蛤。所以古人认为雉到立冬后便变成大蛤了。

立冬时节，太阳已到达黄经二百二十五度，北半球获得的太阳辐射量越来越少，由于此时地表下贮存的热量还有一定的剩余，所以一般还不太冷。晴朗无风之时，常有温暖舒适的"小阳春"天气，不仅十分宜人，对冬作物的生长也十分有利。但是，这时北方冷空气也已具有较强的势力，频频南侵，有时形成大风、降温并伴有雨雪的寒潮天气。从多年的平均状况看，十一月是寒潮出现最多的月份。剧烈的降温，特别是冷暖异常的天气对人们的生活、健康以及农业生产均有严重的不利影响。注意气象预报，根据天气变化及时搞好人体防护和农作物寒害、冻害等的防御，显得十分重要。

立冬与立春、立夏、立秋合称四立，在古代的农业社会里，立冬是个重要的日子，皇帝必须率领文武百官到北郊祭祀迎冬，在迎冬大典结束之后，回到皇宫立刻办理因公殉职文臣武将的抚恤、赏赐及救济等事宜。

立冬节气，有秋收冬藏的含义。我国过去是个农耕社会，民间在立冬时节除了祭拜，普遍有"补冬"的习俗，以便摄取大量蛋白质和脂肪，抵御寒冬。劳动了一年的人们，利用立冬这一天要休息一下，顺便犒赏一家人一年来的辛苦。有句谚语就是"立冬补冬，补嘴空"。

2. 小雪(11 月 22—23 日)

立冬之后第十五天就是小雪，这是农历十月的中气。在小雪天里，天空是灰暗的，大地是阴晦的，树枝一片光秃，四周给人一种阴森森的感觉。天气开始寒冷了，但还不太冷，天上飘着小雪花，因此称之为小雪。

我国古代将小雪分为三候："一候虹藏不见；二候天气上升地气下降；三候闭塞而成冬。"由于天空中的阳气上升，大地中的阴气下降，导致天地不通，阴阳不交，所以万物失去生机，天地闭塞而转入严寒的冬天。

农谚"小雪封地，大雪封河"是说，在小雪天里，地全冻成像冰块一样硬，过了十五天，到大雪时，则冷得连河水也全冻结了。另一首农谚又说："小雪不种地，大雪不行船。"地冻河封了，当然无法种地行船。在小雪来时，最好开始飘雪，雪能把蝗虫的卵冻死，这样明年就不会有蝗灾了。"瑞雪兆丰年""小雪雪满天，来岁必丰年"理由也在于此。

随着冬季的到来，气候渐冷，不仅地面上的露珠变成了霜，而且也使天空中的雨变成了雪花，下雪后，大地披上洁白的素装。但由于这时的天气还不算太冷，所以下的雪常常是半冰半融状态，或落到地面后立即融化了，气象学上称之为"湿雪"；有时还会雨雪同降，叫做"雨夹雪"；有时降如同米粒一样的白色冰粒，称为"米雪"。小雪节气降水依然稀少，远远满足不了冬小麦的需要。晨雾比上一个节气更多一些。

小雪表示降雪的起始时间和程度。雪是寒冷天气的产物。小雪节气，南方地区北部开始进入冬季。"荷尽已无擎雨盖，菊残犹有傲霜枝"，已呈初冬景象。因为北面有秦岭、大巴山作为屏障，阻挡冷空气入侵，剁减了寒潮的严威，致使华南"冬暖"显著。全年降雪日数大多在五天以下，比同纬度的长江中、下游地区少得多。大雪以前降雪的机会极少，即使是隆冬时节，也难得观赏到"千树万树梨花开"的迷人景色。由于华南冬季近地面层气温常保持在零摄氏度以上，所以积雪比降雪更不容易。偶尔虽见天空"纷纷扬扬"，却不见地上"碎琼乱玉"。然而，在寒冷的西北高原，十月一般就开始降雪了。高原西北部全年降雪日数可达六十天以上，一些高寒地区全年都有降雪的可能。

小雪前后，我国大部分地区农业生产开始进入冬季管理和农田水利基本建设阶段。黄河以北地区已到了北风吹，雪花飘的孟冬，此时我国北方地区会出现初雪，虽然雪量有限，但还是提示我们到了御寒保暖的季节。小雪节气的前后，天气时常是阴冷晦暗的，此时人们的心情也会受其影响，所以在这个光照少的节气里一定要学会调养自己。

3. 大雪(12 月 6—8 日)

大雪是农历十一月的节气，每当仲冬时，天寒地冻，大雪纷飞，整片大地被厚厚的白雪所覆盖，因此称之为大雪。

我国古代将大雪分为三候："一候鹖鴠不鸣；二候虎始交；三候荔挺出。"这是说此时因天气寒冷，寒号鸟也不再鸣叫了。由于此时是阴气最盛的时期，正所谓盛极而衰，阳气已有所萌动，所以老虎开始有求偶行为。"荔挺"为兰草的一种，也感到阳气的萌动而抽出新芽。

大雪时节，除华南和云南南部无冬区外，我国辽阔的大地已披上冬日盛装，东北、西北地区平均气温已达零下十摄氏度以下，黄河流域和华北地区气温也稳定在零摄氏度以下，冬小麦已停止生长。江淮及以南地区的小麦、油菜仍在缓慢生长，要注意施好腊肥，为安全越冬和来春生长打好基础。华南、西南小麦进入分蘖期，应结合中耕施好分蘖肥，注意冬作物的清沟排水。这时天气虽冷，但贮藏的蔬菜和薯类要勤于检查，适时通风，不可将窖封闭太死，以免升温过高，湿度过大导致烂窖。在不受冻害的前提下应尽可能地保持较低的温度。

人常说"瑞雪兆丰年"。严冬积雪覆盖大地，可保证地面及作物周围的温度不会因寒流侵袭而降得很低，为冬作物创造了良好的越冬环境。积雪融化时又增加了土壤水分含量，可供作物春季生长的需要。另外，雪水中氮化物的含量是普通雨水的五倍，还有一定的肥田作用。所以有"今冬麦盖三层被，来年枕着馒头睡"的农谚。

大雪以后天气逐渐变冷，人们屋里屋外都十分注意保暖，纷纷穿上冬装，防止因受冻而出现冻疮。鲁北民间有"碌碡顶了门，光喝红黏粥"的说法，意思是天冷不再串门，只在家喝暖乎乎的红薯粥度日。此外，逢下雪到户外赏雪、堆雪人也是此时常有的景致，而溜冰和滑雪更是年轻人最喜爱的户外活动。

### 4. 冬至(12 月 21—23 日)

冬至是农历十一月的中气，这一天太阳直射在南回归线上，北半球夜最长，昼最短。南半球则相反，昼最长，夜最短。此时，阴气到达极点，而阳气开始复生。这个节日又有冬节、亚岁、至节、履长节、长日、长至、日至、南至、如正、周正等等不同称呼。早在两千五百多年前的春秋时代，我国已经用土圭观测太阳测定出冬至了，它是二十四节气中最早被制订出的一个。

我国古代将冬至分为三候："一候蚯蚓结；二候麋角解；三候水泉动。"传说蚯蚓是阴曲阳伸的生物，此时阳气虽已生长，但阴气仍然十分强盛，土中的蚯蚓仍然蜷缩着身体。麋与鹿同科，却阴阳不

同，古人认为麋的角朝后生，所以为阴，而冬至阳气开始复生，麋感阴气渐退而解角。由于阳气初生，所以此时山中的泉水开始流动并且温热。

冬至是我国农历中一个非常重要的节气，也是一个传统节日。冬至过节源于汉代，盛于唐宋，相沿至今。《清嘉录》甚至有"冬至大如年"之说。这表明古人对冬至十分重视。人们认为冬至是阴阳二气的自然转化，是上天赐予的福气。汉朝以冬至为"冬节"，官府举行的祝贺仪式称为"贺冬"，例行放假。《后汉书》中有这样的记载："冬至前后，君子安身静体，百官绝事，不听政，择吉辰而后省事。"所以这天朝廷上下要放假休息，军队待命，边塞闭关，商旅停业，亲朋各以美食相赠，相互拜访，欢乐地过一个"安身静体"的节日。唐、宋时期，冬至是祭天祭祖的日子，皇帝在这一天要到郊外举行祭天大典，百姓在这一天要向父母尊长祭拜。古时候有冬至献鞋袜的孝行习俗，有公婆在堂的媳妇，在冬至一早，都必须把自己缝制好的鞋袜献给二老，让二老御寒。这个习俗一直流传了好几千年。

冬至过后，各地气候都进入一个最寒冷的阶段，也就是人们常说的"进九"，我国民间有"冷在三九，热在三伏"的说法。

5. 小寒(1 月 5—7 日)

小寒是十二月的头一个节气，大寒则是十二月的中气，小寒的十五天加上大寒的十五天共计三十天，这是农历十二个月中最冷的一个月。小寒与大寒都非常寒冷，然而后者冷到了极点，因此称之为大寒，前者次之，所以称之为小寒。

我国古代将小寒分为三候："一候雁北乡；二候鹊始巢；三候雉始鸲。"古人认为候鸟中大雁是顺阴阳而迁移，此时阳气已动，所以大雁开始向北迁移。此时北方到处都可以见到喜鹊，它们由于感觉到阳气而开始筑巢。第三候"雉鸲"的"鸲"为鸣叫的意思，雉在接近四九时会感阳气而鸣叫。

古时，南京人很重视小寒，但随着时代的变迁，现已渐渐淡化，如今人们只能从生活中寻找出些许痕迹。到了小寒，老南京一般会煮菜饭吃，菜饭的内容并不相同，有用矮脚黄青菜与咸肉片、香肠片或是板鸭丁，再加上一些生姜粒与糯米一起煮的，十分香鲜可口。其中矮脚黄、香肠、板鸭都是南京的著名特产，可谓是真正的"南京菜饭"，甚至可与腊八粥相媲美。到了小寒时节，也是老中医和中药房最忙的时候，一般入冬时熬制的膏方都吃得差不多了。到了此时，有的人家会再熬制一点，吃到春节前后。人们日常饮食也偏重于暖性食物，如羊肉、狗肉，其中又以羊肉汤最为常见，有的餐馆还推出当归生姜羊肉汤。近年来，一些传统的冬令羊肉菜肴重现餐桌，再现了古时南京寒冬食俗。

6. 大寒(1 月 20—21 日)

大寒是一年二十四个节气中的最后一个，因为天气比小寒还冷，所以称作大寒。

我国古代将大寒分为三候："一候鸡乳；二候征鸟厉疾；三候水泽腹坚。"也就是说，到大寒节气便可以孵小鸡了。而鹰隼之类的征鸟，却正处于捕食能力极强的状态中，盘旋于空中到处寻找食物，以补充身体的能量抵御严寒。在一年的最后五天内，水域中的冰一直冻到水中央，且最结实最厚。

在北方，有一句俗话："大寒小寒，冷成一团。"意思是说，在小寒与大寒这两个节气间，气温最低，把这句话跟《数九歌》中"三九冻死猫，四九冻死狗"相互对照，发现日期不谋而合，通常，一年之中的最低温，总是在小寒至大寒之间出现。

从前的农人，都以大寒那一天的气候，来预测来年的收成情况，若吹着强烈的北风，同时天气寒冷的话，就认定会丰收；若吹着南风，天气温暖的话，就认定是歉收的先兆，因此有"大寒不寒，人马不安"的谚语，另外，若那一天下雨的话，认为来年必多西风，农田将受害。

"爆竹声中一岁除"，春节常常是在大寒节气内。节日期间，哈尔滨冰灯晶莹绮丽，广州花市万紫千红，"天府"红梅斗寒盛开。辽阔的祖国大地，气象更新，人们将欢庆一年一度的传统佳节。

等下过几场瑞雪、大寒的脚步渐远、立春将来时，又是新的一年了。

中国古代天文历法

# 三、二十四节气与养生

## （一）春

### 1.立春注意保护阳气

立春是一年中的第一个节气，"立"是开始之意，立春揭开了春天的序幕，表示万物复苏的春季已开始。此刻"嫩如金色软如丝"的垂柳芽苞，泥土中跃跃欲试的小草，正等待着"春风吹又生"，而"律回

岁晚冰霜少，春到人间草木知"，形象地反映出立春时节的自然景色。随着立春的到来，人们明显地感觉到白天渐长，太阳也暖和多了，气温、日照、降水也趋于上升和增多。人们按旧历习俗开始"迎春"。农谚说得好："立春雨水到，早起晚睡觉。"农事活动由此开始，这时人们也走出门户踏青寻春，体会那最细微的春意。

立春时节，大地回春，万物更新，人们的精神调摄也要顺应春季自然界蓬勃向上的生机，做到心胸开阔，情绪乐观，热爱生活，关心他人，广施博爱，善济仁慈，戒怒戒躁，保持精神愉悦，顺应春季肝气升发的特性，使气血和畅。

俗语有"春捂秋冻""春季不可薄衣"之说。在乍暖还寒的春季做好"春捂"是顺应春天阳气升发的养生需要，也是一种预防疾病的自我保健良法。立春是春天的开始，意味着天气将由寒冬向炎热的夏天转换，正处于阳气渐长、阴气渐消的时候，此时天气虽开始暖和，但春天是以"风"为主气，气候特点是：变化较大，忽冷忽热，乍暖还寒，尤其是适逢春雨连绵的时候，更是冷风阵阵，寒气袭人。由于冬天怕冷，穿戴衣帽较多，人们适应外界天气变化的能力下降，尤其是老人、婴幼儿及体弱多病者更难以适应，因此在早春时节要保

暖，衣服宜渐减，不可顿减，根据天气变化适时增减衣服，注意防风御寒，养阳敛阴，对于老人、婴幼儿及体弱多病者尤其应注意脚部、背部保暖。

立春时节，顺应阳气生发的特点，在起居方面也要相应改变。做到适当地晚睡早起，早晨起床后做一些轻柔舒缓的运动项目，如太极拳、太极剑、八段锦、慢跑、体操等，活动关节，舒展形体，疏通郁滞，使气血顺畅。

2. 雨水多吃新鲜蔬菜

雨水，是农历二十四节气中的第二个节气。雨水原本是指冬季过去，春天来临，天气转暖，冰雪融化成水，万物开始复苏。历书说："斗知壬为雨水时，东风解冻，冰雪皆散而为水，化而为雨，故名雨水。"雨水时节，正是春雨绵绵的季节。这些年，北方由于暖冬效应，此时很少下雨，而我国南方地区雨日与雨量均有明显增加，是名副其实的雨水时节。可以说，雨水时节是万物欣欣向荣、草木萌生的时候。

雨水节气过后，气温开始回升，湿度逐渐升高，但冷空气活动仍较频繁，所以早晚仍然较冷。雨水时节因为降雨增多，空气湿润，天气暖和而不燥热，非常适合万物的生长。

雨水时节空气湿润，又不燥热，正是养生的好时机，首先应调养脾胃。中医认为，脾胃为后天之本，气血生化之源。脾胃功能健全，则人体营养利用充分，反之则营养缺乏，体质下降。古代著名医家李东垣提出："脾胃伤则元气衰，元气衰则人折寿。"根据"春夏养阳"的养生原则，唐代药王孙思邈说："春日宜省酸，增甘，以养脾气。"强调了这个季节调养脾胃的重要性。

调养脾胃可根据自身情况，选择饮食调节、药物调养和起居劳逸调摄。饮食调节是根据春季气候转暖，早晚较冷，风邪渐增，常见口舌干燥现象，宜多吃新鲜蔬菜、水果，以补充人体水分，少食油腻食品。可多食大枣、山药、莲子、韭菜、菠菜等。北方人食疗多以粥为好，可做成莲子粥、山药粥、红枣粥等。此季节应少食羊肉、狗肉等温热食品。药物调养则要考虑脾胃功能的特点，用生发阳气之法调补脾胃，可选用沙参、西洋参、决明子、白菊花等。精神上还应注意清心寡欲，不妄劳作，以养元气。

3. 惊蛰之际少吃酸

惊蛰时节，春光明媚，万象更新。按照一般气候规律，惊蛰前后各地天气已开始转暖，并渐有春雷出现，冬眠的动物开始苏醒并出土活动。雨水渐多，是春播的大好时机。

春天，人们常感到困乏无力、昏沉欲睡，早晨醒来也较迟，民间称之为"春困"，这是人体生理功能随季节变化而出现的一种正常的生理现象。春回大地，天气渐暖，人体皮肤的血管和毛孔也逐渐舒张，需要的血液供应增多，汗腺分泌也增多。但由于人体内血液的总量是相对稳定的，供应外周的血量增多，供给大脑的血液就会相对减少，所以出现"春困"。初春阳气渐生，气候日趋暖和，但北方阴寒未尽，冷空气较强，气候变化大。所以，为了抵御渐退的寒气，人们又提出"春捂"。这在惊蛰期间尤为突出。

惊蛰时的养生，要根据自然物候现象、自身体质差异进行精神、饮食、起居的调养。《黄帝内经》曰："春三月，此谓发陈。天地俱生，万物以荣。夜卧早起，广步于庭，披发缓行，以便志生。"这是说，春天万物复苏，应该早睡早起，散步缓行，可以使精神愉悦、身体健康。对于北方气温较低、早晚温差大的地区要注意保暖。春季与肝相应，如养生不当，则可伤肝。现代流行病学调查，春天属肝病高发季节，应注意养肝、保肝，防止春季传染病的流行。饮食调养要根据节气变化和每个人的体质情况而定。主要以"春夏养阳"为原则，可适当多吃能升发阳气的食物，如韭菜、菠菜、荠菜等。春天肝气旺易伤脾，故惊蛰季节要少吃酸，多吃大枣、锅巴、山药等甜食以养脾，可做成大枣粥、山药粥。

4. 春分协调平衡膳食

春分的"分"，是指春天过了一半的意思。此时应是春暖花开的季节，也是农家最忙的时节。

春分时节，昼夜时间几乎等长。《月七十二候解集》曰："分者平也，此当九十日之半，故谓之分。"《春秋繁露·阴阳出入上下篇》记载："春分者，

阴阳相平也，故昼夜均而寒暑平。"这些都说明，春分以后天气处于阴阳、昼夜相对平分的状态。气温继续升高，强对流天气增多。所以此季节应注意预防雷电及强对流气象灾害。民间谚语说："春分秋分，昼夜平分；吃了春分饭，一天长一线。"这是说春分一过，白天一天比一天长，夜晚逐渐缩短。

 春分节气平分了昼夜、寒暑。在保健养生上人们应注意保持人体的阴阳平衡状态，关键体现在精神、饮食、起居的调摄。

从立春到清明前后，是草木生长萌芽的时期，人体血液正处于旺盛时期，激素水平也处于相对高峰期。而此时正是冷暖交替的时期，乍暖还寒的气候让人防不胜防，很容易发生非感染性疾病，如高血压，或血压波动大，过敏性疾病等。这个季节的饮食调养非常关键。总的原则要禁忌大热、大寒的饮食，保持寒热均衡。可根据每个人的体质情况选择搭配饮食，如吃寒性食物鱼、虾佐配以温热散寒的葱、姜、酒等，食用韭菜、大蒜等助阳之物时，配以滋阴之蛋类，以达阴阳平衡的目的。春分时节适宜的膳食有：白烧鳝鱼、杜仲腰花、大蒜烧茄子等，有补虚损、降血压、凉血止血的功效。春笋性味甘寒，具有滋阴益血、化痰、消食、去烦、利尿等功效，也是春分宜食之品。

春分时节起居要有规律，定时睡眠，定量用餐，以达阴阳互补。可以逐渐开始晨练，最好的方法是散步、慢跑、打太极拳等。当然，还应顺应四时气候变化，注意保暖，保持心情愉快，特别要防过怒。

5.清明保持心情舒畅

清明节的气候一般乍暖还寒，一年之乐始于春，随着冬去春来，春暖花开，清明佳节，又将人们推向春游踏青的高潮，其乐融融。人们沐浴在野外自然春光中，春风拂面，美不胜收，流连忘返。但是，清明时节尽管如此引人入胜，但在养生保健方面不可小视！

清明时节，人们开始除去冬装，轻装外出。俗话说"二四八月乱穿衣"，清明时节也是这样，人们往往衣着单薄，遇上阴雨绵绵的天气，就应及时添衣，

 二十四节气

防止受寒、淋雨而感冒。

清明时节，又是万物复苏、生机旺盛的时节，正逢一些蔬菜收获上市之时，结合清明多雨湿，乍暖还寒的气候特点，饮食宜温，可多选食这时盛产偏温的韭菜、薤头之类蔬菜，芳香鲜嫩，温胃祛湿，有益健康。另外，不宜过早贪吃冷饮，气温偏低，于体不利。

在清明时节住所要保持干燥。南风一吹，往往易于回潮，墙、地湿漉，空气湿度也大，遇上阴雨天气，就更易使人困乏无力，心胸郁闷。因此，要视天气情况适度开窗，若遇回潮，则不宜开窗，有条件时还应提升室内温度，保持干燥，防止潮湿而致病。

同时清明时节又是传统的祭祖扫墓和春游的好时节，外出要随身携带雨具，防止淋雨，感受寒湿而致病。晴天外出和运动又易于出汗，出汗后要及时加衣，防止感冒。

总之，清明时节，天阴多雨，乍暖还寒，容易感冒，也容易诱发一些慢性疾病，如胃痛、关节痛等，大多是衣食住行、生活起居保养不慎所致。所以清明时节要加强保养，防患于未然。

6. 谷雨加倍呵护自己

谷雨是春季的最后一个节气。这时田中的秧苗初插、作物新种，最需要雨水的滋润，所以说"春雨贵如油"。在这个春季将尽、夏季将至的季节，池塘里的浮萍开始生长，春茶也在这个时节前后采收。此时此刻，呈现一种万物生长、蒸蒸日上的景象。

谷雨时节的天气比较温和，雨水明显增多，对谷类播种后的生长、发育有很大的促进作用。适量的雨水有利于越冬作物的生长，古代称"雨生百谷"，更说明此节气在农业方面的重要性。由于天气转温，人们的室外活动增加，而北方的桃花、梨花、杏花等开满枝头，杨絮、柳絮四处飞扬，对花粉过敏的人们，这段日子就比较难过了。

谷雨节气后降雨增多，空气中的湿度逐渐加大，此时养生要顺应自然环境的变化，通过人体自身的调节使内环境（人体内部的生理环境）与外环境（外界自然环境）的变化相适应，保持人体各脏腑功能正常。《素问·保命全形论》中的"人以天地之气生，四时之法成"就是这个道理。

谷雨养生要注意的是：气温虽然转暖，但早晚仍较凉，早出晚归者要注意增减衣服，避免受寒感冒。过敏体质的人这个季节应防花粉症及过敏性鼻炎、过敏性哮喘等。特别要注意避免与过敏源接触，减少户外活动。在饮食上减少高蛋白质、高热量食物的摄入，出现过敏反应及时到医院就诊。

## （二）夏

### 1. 立夏时节注意养心

立夏是指夏季开始，此时天气逐渐炎热，万物繁茂，人们的生理状态也发生了一定的改变。夏季与心气相通，夏季有利于心脏的生理活动。因此，要顺应节气的变化，注意保养心脏。应重视立夏养生，平和过渡到夏季。

立夏时节，虽说夏季到来了，天气逐渐炎热，温度明显升高，但此时早晚仍比较凉，日夜温差仍较大，早晚要适当添衣。另外进入立夏后，昼长夜短更加明显，此时顺应自然界阳盛阴虚的变化，睡眠方面也应相对晚睡早起，以接受天地的清明之气，但仍应注意睡好"子午觉"，尤其要适当午睡，以保证饱满的精神状态以及充足的体力。

立夏养生还应重视"静养"。立夏后人们易感到烦躁不安，因此立夏养生要做到"戒怒戒躁"，切忌大喜大怒，要保持精神安静，情志开怀，心情舒畅，安闲自乐，笑口常开。还可多做偏静的文体活动，如绘画、钓鱼、书法、下棋、种花等。

立夏后，随着气温升高，人们容易出汗，"汗"为心之液，立夏时节要注意不可过度出汗，运动后要适当饮温水，补充体液。立夏时节，选的运动不要过于剧烈，可选择相对平和的运动如太极拳、太极剑、散步、慢跑等。

立夏时节，自然界的变化是阳气渐长、阴气渐弱，相对人体脏腑来说，是肝气渐弱，心气渐强，此时的饮食原则是增酸减苦，补肾助肝，调养胃气。此时饮食宜清淡，以低脂、易消化、富含纤维素为主，多吃蔬果、粗粮。平时可多吃鱼、瘦肉、豆类、芝麻、洋葱、小米、玉米、山楂、枇杷、杨梅、香瓜、桃、木瓜、西红柿等。少吃动物内脏、肥肉等，少吃过咸的食物，如咸鱼、咸菜等。

2. 小满时节戒骄戒躁

小满后气温明显升高，雨量增多，但早晚仍会较凉，气温日差仍较大，尤其是降雨后气温下降更明显，因此要注意适时添加衣服，尤其是晚上睡觉时，要注意保暖，避免着凉受风而患感冒。同时也应当顺应夏季阳消阴长的则律，早起晚睡，但要保证睡眠时间，以保持精力充沛。

小满时风火相煸，人们也易感到烦躁不安，此时要调适心情，注意保持心

情舒畅、胸怀宽广，以防情绪剧烈波动而引发高血压、脑血管意外等心脑血管病。此时可多参与一些户外活动如下棋、书法、钓鱼等怡养性情，同时也可在清晨参加体育锻炼，以散步、慢跑、打太极拳等为宜，不宜做过于剧烈的运动，避免大汗淋漓，伤阴也伤阳。

饮食方面，进入小满后，气温不断升高，人们往往喜爱

用冷饮消暑降温，但此时进食生冷饮食易引起胃肠不适而出现腹痛、腹泻等症，由于小儿消化系统发育尚未健全，老人脏腑机能逐渐衰退，故小孩及老人更易出现此种情况。因此，饮食方面要注意避免过量进食生冷食物。

另外，小满后不但天气炎热，出汗较多，雨水也较多，饮食调养宜以清淡的素食为主，常吃具有清湿热、养阴作用的食物，如赤小豆、薏苡仁、绿豆、冬瓜、黄瓜、黄花菜、水芹、荸荠、黑木耳、胡萝卜、西红柿、西瓜、山药、鲫鱼、草鱼、鸭肉等，忌吃膏粱厚味、甘肥滋腻、生湿助湿的食物，当然也可配合药膳进行调理，还可以常饮些生脉饮以益气生津。

### 3. 芒种心情保持轻松

农历书记载："斗指巳为芒种，此时可种有芒之谷，过此即失效，故名芒种也。"就是说，芒种节气是最适合播种有芒的谷类作物，如晚谷、黍、稷等。芒种也是种植农作物时机的分界点，由于天气炎热，已经进入典型的夏季，农事种作都以这一时节为界，过了这一节气，农作物的成活率就越来越低。农谚"芒种忙忙种"说的就是这个道理。

由于我国地域辽阔，同一节气的气候特征也有差异。此时我国中部的长江中、下游地区，雨量增多，气温升高，进入连绵阴雨的梅雨季节，空气十分潮湿，天气异常湿热，各种衣物器具极易发霉，所以，在长江中下游地区把这种天气叫做"黄梅天"。另外，我国的端午节多在芒种日的前后，民间有"未食端午粽，破裘不可送"的说法。此话告诉人们，端午节没过，御寒的衣服不要脱去，以免受寒。

芒种的养生重点要根据季节的气候特征，在精神调养上应该使自己的精神保持轻松、愉快的状态，恼怒忧郁不可有，这样气机得以宣畅，通泄得以自如。

起居方面，要晚睡早起，适当地接受阳光照射（避开太阳直射，注意防暑），以顺应阳气的充盛，利于气血的运行，振奋精神。夏日昼长夜短，中午小憩可助消除疲劳，有利于健康。芒种过后，午时天热，人易出汗，衣衫要勤洗勤换。为避免中暑，芒种后要常洗澡，这样可使皮肤疏松，"阳热"易于发泄。但须注意一点，在出汗时不要立即洗澡，中国有句老话："汗出不见湿，汗出见湿，乃生痤疮。"

饮食调养方面，饮食清淡在养生中有不可替代的作用，如蔬菜、豆类可为人体提供必需的糖类、蛋白质、脂肪和矿物质等营养素及大量的维生素，维生素又是人体进行新陈代谢所不可缺少的，而且还可以预防疾病、防止衰老。瓜果蔬菜中的维生素C，还是人体进行氧化还原所必需的重要物质，它能促进细胞对氧的吸收，在细胞间和一些激素的形成过程中是不可缺少的成分。除此之外，维生素C还能抑制病变，促进抗体的形成，提高机体的抗病能力。对老年朋友来说，多吃瓜果蔬菜，从中摄取的维生素C对血管有一定的修补保养作用，还能把血管壁内沉积的胆固醇转移到肝脏变成胆汁酸，这对预防和治疗动脉硬化也有一定的作用。蔬菜中的纤维素对保持人体大便通畅，减少毒素的吸收以及防止早衰，预防由便秘引起的直肠癌的发生都是至关重要的。

另外，在强调饮食清补的同时，不要过咸、过甜。饮食过咸，体内钠离子过剩，年龄大者，活动量小，会使血压升高，甚至可造成脑血管功能障碍。吃甜食过多，对人体健康也不利，随着年龄的增长，体内碳水化合物的代谢能力逐渐降低，易引起中间产物如蔗糖的积累，而蔗糖可导致高血脂症和高胆固醇症，严重者还可诱发糖尿病。

4.夏至宜晚睡早起

夏至时节太阳直射北回归线，是北半球一年中白昼最长的一天。夏至这天虽然白昼最长，太阳角度最高，但并不是一年中天气最热的时候。因为，接近

地表的热量，这时还在继续积蓄，并没有达到最多的时候。俗话说"热在三伏"，真正的暑热天气是以夏至和立秋为基点计算的。大约在七月中旬到八月中旬，我国各地的气温均为最高，有些地区的最高气温可达四十摄氏度左右。

中国古代天文历法

夏季炎热，"暑易伤气"，若汗泄太过，令人头昏胸闷，心悸口渴，恶心甚至昏迷。安排室外工作和体育锻炼时，应避开烈日炽热之时，加强防护。合理安排午休时间，一为避免炎热之势，二可消除疲劳之感。每日用温水洗澡也是值得提倡的健身措施，不仅可以洗掉汗水、污垢，使皮肤清洁凉爽，而且能起到锻炼身体、消暑防病的目的。因为，温水冲澡时的水压及机械按摩作用，可使神经系统兴奋性降低，体表血管扩张，加快血液循环，改善肌肤和组织的营养，降低肌肉张力，消除疲劳，改善睡眠，增强抵抗力。另外，夏日炎热，易受风寒湿邪侵袭，睡眠时不宜扇类送风，有空调的房间，室内外温差不宜过大，更不宜夜晚露宿。

运动调养也是养生中不可缺少的因素之一。夏季运动最好选择在清晨或傍晚天气较凉爽时进行，场地宜选择在河湖水边、公园庭院等空气新鲜的地方，有条件的人可以到森林、海滨地区去疗养、度假。锻炼的项目以散步、慢跑、太极拳、广播操为好，不宜做过分剧烈的活动，若运动过激，可导致大汗淋漓，汗泄太多，不但伤阴气，也损阳气。在运动锻炼过程中，出汗过多时，可适当饮用淡盐开水或绿豆盐水汤，切不可饮用大量凉开水，更不能立即用冷水冲头、淋浴，否则会引起寒湿痹证、黄汗等多种疾病。

饮食调养方面，夏季气候炎热，人的消化功能相对较弱，因此，饮食宜清淡不宜肥甘厚味，要多食杂粮以寒其体，不可过食热性食物，以免助热。冷食瓜果当适可而止，不可过食，以免损伤脾胃。厚味肥腻之品宜少勿多，以免化热生风，激发疔疮之疾。

### 5. 小暑养生顾护心阳

天气已热，尚未达到极点，所以称作"小暑"。小暑已是绿树浓荫，炎热渐渐袭来，最高气温可达四十摄氏度以上。小暑是全年降水最多的一个节气，并会出现大暴雨、雷击和冰雹。农谚有"大暑小暑，灌死老鼠""小暑热，果定结；小暑不热，五谷不结"等说法。

俗话说"热在三伏"，此时正是进入伏天的开始。"伏"即伏藏的意思，所以人们应当减少外出以避暑气。民间度过伏天的办法，就是吃清凉消暑的食品。俗话说"头伏饺子二伏面，三伏烙饼摊鸡蛋。"这种吃法便是为了使身体多出汗, 排出体内的各种毒素。

小暑时节要注意养心。第一, 注意心肌炎及心肌炎复发。三伏天气温高, 湿度大, 天气闷热, 气压低, 有心肌炎后遗症的人易出现心律变缓、胸闷气短等症状。养生要注意早睡早起, 避免熬夜。第二, 注意防中暑。应多喝绿豆汤。以荷叶、藿香代茶饮, 出汗多要及时补充淡盐水。第三, 注意防肠胃病。长夏易患脾胃病, 脾胃虚的人应少喝冷饮、少吃凉菜, 注意肚脐不要受凉。

小暑时节也可以刮痧防暑。三伏天湿气重, 易出现呕恶、头昏等病症, 可采取刮痧的办法。用刮痧板或酒精消毒过的纱布, 上下刮背脊两侧、肋骨两侧或额头, 出现暗紫色即可, 也可涂上清凉油刮, 或服用藿香正气丸(水), 或以薄荷、藿香代茶饮。

夏季又是消化道疾病的多发季节, 在饮食调养上要改变饮食不洁、饮食偏嗜的不良习惯。饮食应以适量为宜。过饥, 则摄食不足, 营养缺乏, 而致气血不足, 引起形体倦怠消瘦, 正气虚弱, 抵抗力降低, 继发其他病症; 过饱, 会超过脾胃的消化、吸收和运化功能, 导致饮食阻滞, 出现腹胀、厌食、吐泻等食伤脾胃之病。

6. 大暑清热解暑为宜

大暑, 是一年中最热的节气。其气候特征是: "斗指丙为大暑, 此时天气甚烈于小暑, 故名曰大暑。"大暑正值中伏前后, 在我国很多地区, 经常会出现四十摄氏度的高温天气, 在这酷热难耐的季节, 防暑降温的工作不容忽视。

大暑时节既是喜温作物生长速度最快的时期, 也是乡村田野蟋蟀最多的季节, 我国有些地区的人们茶余饭后有以斗蟋蟀为乐的风俗。大暑也是雷阵雨最多的季节, 有谚语说"东闪无半滴, 西闪走不及", 意谓在夏天午后, 闪电如果出现在东方, 雨不会下到这里, 若闪电在西方, 则雨势很快就会到来, 想躲避都来不及。人们也常把夏季午后的雷阵雨

 中国古代天文历法

 38

称之为"西北雨"，并有"西北雨，落过无车路"之说。而"夏雨隔田埂"及"夏雨隔牛背"等，形象地说明了雷阵雨常常是这边下雨那边晴，正如唐代诗人刘禹锡的诗句："东边日出西边雨，道是无晴却有晴。"

夏季气候炎热，酷暑多雨，暑湿之气容易乘虚而入且暑气逼人，心气易于亏耗，尤其老人、儿童、体虚气弱者易患疰夏、中暑等病。当出现全身乏力、头昏、心悸、胸闷、注意力不集中、大量出汗、四肢麻木、口渴、恶心等症状时，多为中暑先兆。一旦出现上述症状，应立即将患者移至通风处休息，给病人喝些淡盐水或绿豆汤、西瓜汁、酸梅汤等。夏季预防中暑的方法有：合理安排工作，注意劳逸结合；避免在烈日下暴晒；注意室内降温；睡眠要充足；讲究饮食卫生。

## （三）秋

### 1. 立秋着衣不宜太多

大暑之后，时序到了立秋。秋是肃杀的季节，预示着秋天的到来。历书曰："斗指西南维为立秋，阴意出地始杀万物，按秋训示，谷熟也。"从这一天开始，天高气爽，月明风清，气温逐渐下降。有谚语"立秋之日凉风至"，即立秋是凉爽季节的开始。但由于我国地域辽阔幅员广大，各地纬度、海拔高度不同，是不可能在立秋这一天同时进入凉爽的秋季的。从其气候特点看，立秋由于盛夏余热未消，秋阳肆虐，特别是在立秋前后，很多地区仍处于炎热之中，故素有"秋老虎"之称。气象资料表明，这种炎热的天气，往往要延续到九月的中下旬，才能真正凉爽起来。

中医认为立秋的养生要诀是：护阳养心防暑湿。夏日和长夏时是一年中阳气最盛的季节，天气火热而生机旺盛，即人体新陈代谢处于最旺盛之时。现代生活常见的是用空调冷饮来消暑，而过分依赖空调冷饮则会伤害体内的阳气。中医常说"春夏养阳"，也就是说即使在赤日炎炎之时仍要注意保护体内的阳气，具体来说，要注意摄入适当的补养之物，同时可多搭配适当的汤水和粥品，这不但能清凉解暑、生津止渴，还能补养身体。

此外，还要保证睡眠时间，有条件的都要午睡。夏养心的"心"并非单指现代医学里的"心脏"，而是包括心脏在内的整个神经系统甚至包括精神心理因素。因为气温过高则容易使人精神紧张，心理、情绪波动起伏，加上高温使机体的免疫功能下降，容易出现心肌缺血、心律失常、血压升高等情况，所以养心也是防止情绪起伏、预防疾病发生的好办法。"春夏防暑湿、秋冬防肺燥"，这是广东民间总结的有地域特点的四季养生要诀。涉水淋雨会造成水湿之邪气入侵人体；多食甘腻之品会造成水湿内停机体之患。因而防"暑湿"的"湿"是既要防外水湿之邪气，亦要防水湿内停之患。

此节气在养生饮食上宜多食粥品，尤其是豆类的汤，因豆类含有丰富的蛋白质，可有效补充体内蛋白质的不足，满足机体代谢，更主要的是它不含胆固醇，没有吃肉制品的后顾之忧，而且还可降低人体的胆固醇。此外豆类多具有健脾利湿的功效，正合此节气食用。宜食的豆类粥品有红豆粥、绿豆粥、眉豆粥、赤小豆粥、扁豆粥等。还有一些如小麦粥、黑米粥、莲子粥等都是对此节气养生十分有益的。

2. 处暑适宜早睡早起

处暑是暑气结束的时节，处暑之后，我国很多地区的气温会逐渐下降，所以，处暑就意味着暑气消退秋天来临。俗话说，"春困、秋乏、夏打盹"。处暑期间，天气由热转凉，很多人都会有懒洋洋的疲劳感，也就是"秋乏"。

暑天结束后早晚的温差增大，且秋高气爽，人们会感觉比较舒服。为什么人们还会感觉乏呢？这是因为在炎热的夏季，人的皮肤湿度和体温升高，由于大量出汗使水盐代谢失调，胃肠功能减弱，心血管和神经系统负担增加，再加上得不到充足的睡眠和舒适的环境调节，人体过度消耗了能量，失去了较多的"老本"。

秋季虽然人体出汗减少，体热的产生和散发以及水盐代谢也逐渐恢复到原有的平衡状态。由此人体进入一个生理休整阶段，身体就

会出现各种不适，一些在夏季时潜伏的症状就会出现，机体也会产生一种莫名的疲惫感，如不少人清晨醒来还想再睡，这种状况就是"秋乏"。

处暑节气正处在由热转凉的交替时期，自然界的阳气由疏泄趋向收敛，人体内阴阳之气的盛衰也随之转换。此时人的起居应相应调整，尤其是睡眠要充足，因为只有这样，才能适应"秋乏"。

饮食调理应多吃些含维生素的碱性食物。如西红柿、辣椒、茄子、马铃薯、葡萄和梨等。这些食物都能帮助人体克服疲倦。少吃油腻的肉食，秋乏与体液偏酸有关，多吃碱性食物能中和肌肉疲倦时产生的酸性物质，有助于消除疲劳。

### 3. 白露小心体质过敏

白露是典型的秋天节气，天气渐凉，空气中的水蒸气在夜晚常在草木等物体上凝成白色的露珠，谚语"过了白露节，夜寒日里热"是说白露时白天夜里的温差很大。一般习俗认为白露节下雨，雨下在哪里，就苦在哪里，因此有"白露前是雨，白露后是鬼""白露日晴，稻有收成"等农谚。

古语说："白露节气勿露身，早晚要叮咛。"意在提醒人们此时白天虽然温和，但早晚气候已凉，打赤膊容易着凉。

白露时节，支气管哮喘发病率很高，因此要做好预防工作。此时秋高气爽，正是人们外出旅游的大好时光。但是，常有不少游客在旅游期间出现类似"感冒"的症状，其实不一定是"感冒"，可能是"花粉热"。"花粉热"的发病有两个基本因素：一个是人体体质的过敏，另一个是不止一次地接触和吸入外界的过敏原。此节气的养生重点是加强身体锻炼，注意早晚不要受凉，对过敏性疾病积极预防。

白露时节要防止鼻腔疾病、哮喘病和支气管病的发生。特别是因体质过敏而引发上述疾病的患者，在饮食调节上更要慎重，平时要少吃或不吃鱼虾海腥、生冷炙烩腌菜和辛辣酸咸甘肥的食物。

### 4. 秋分注意阴阳平衡

秋分节气已真正进入秋季，作为昼夜时间相等的节气，人们在养生中也应本着阴阳平衡的规律，使机体保持"阴平阳秘"，精神调养最主要的是培养乐观情绪，保持神志安宁，避肃杀之气，收敛神气，适应秋天平容之气。

中秋后，寒凉渐重，多出现凉燥。凉燥咳嗽是燥而偏寒的类型，病发时怕冷，发热很轻，头痛鼻塞，咽喉发痒或干痛、咳嗽、咯痰不爽、口干唇燥、舌苔薄白而干。这类病症虽不是大病，但如不及时治疗，病邪便会深入，使病症加重。

调节饮食应以清润、温润为主。事实证明，多食芝麻、核桃、糯米、蜂蜜、乳品、雪梨、甘蔗等食物，可起到滋阴润肺养血的作用。气候干燥，故应少吃辛辣之品，遵守"少辛增酸"的原则。要多喝开水、淡茶、豆浆、乳制品、果汁饮料等。老年胃弱的人，可采用晨起食粥法，如选食百合莲子粥、银耳冰糖糯米粥、杏仁川贝糯米粥、黑芝麻粥等。

秋分后是胃病的多发与复发季节。此时要特别注意胃部保暖，饮食应以温、软、淡、素、鲜为宜，做到定时定量，少食多餐，不吃过冷、过烫、过硬、过辣、过粘的食物，更忌暴饮暴食，戒烟禁酒。

金秋季节，天高气爽，是开展各种运动锻炼的好时机，适宜登山、慢跑、散步、打球、游泳、洗冷水浴，或练五禽戏、打太极拳、做八段锦、练健身操等。在进行"动功"锻炼的同时，可配合"静功"，如六字诀默念呼气练功法、内气功、意守功等，动静结合，动则强身，静则养生，可达到身心康泰之功效。

### 5. 寒露保养阴精为主

白露后，天气转凉，开始出现露水，到了寒露，露水增多，且气温更低。此时我国有些地区会出现霜冻，北方已呈深秋景象，白云红叶，偶见早霜，南方也秋意渐浓，蝉噤荷残。

由于寒露的到来，气候由热转寒，万物随寒气增长，逐渐萧落，这是冷热交替的季节。在自然界中，阴阳之气开始转变，阳气渐退，阴气渐生，我们人体的生理活动也要适应自然界的变化，以确保体内的生理（阴阳）

平衡。

祖国医学在四时养生中强调"春夏养阳，秋冬养阴"。当气候变冷时，正是人体阳气收敛，阴精潜藏于内之时，故应以保养阴精为主。

自古秋为金秋也，肺在五行中属金，故肺气与金秋之气相应，"金秋之时，燥气当令"，此时燥邪之气易侵犯人体而耗伤肺之阴精，如果调养不当，人体会出现咽干、鼻燥、皮肤干燥等一系列的秋燥症状。所以暮秋时节的饮食调养应以滋阴润燥（肺）为宜。古人云："秋之燥，宜食麻以润燥。"此时，应多食用芝麻、糯米、粳米、蜂蜜、乳制品等柔润食物，同时增加鸡、鸭、牛肉、猪肝、鱼、虾、大枣、山药等以增强体质；少食辛辣之品，如辣椒、生姜、葱、蒜类，因过食辛辣宜伤人体阴精。

精神调养也不容忽视，由于气候渐冷，日照减少，风起叶落，一些人心中常有凄凉之感，导致情绪不稳、易于伤感。因此，保持良好的心态，因势利导，宣泄积郁之情，培养乐观豁达之心是养生保健不可缺少的内容之一。

除此之外，秋季凉爽之时，人们的起居时间也应作相应的调整。每当气候变冷，患脑血栓的病人就会增加，这和天气变冷、人们的睡眠时间增多有关，因为人在睡眠时，血流速度减慢，易于形成血栓。《素问四气调神大论》明确指出："秋三月，早卧早起，与鸡俱兴。"早卧以顺应阴精的收藏；早起以顺应阳气的舒达，为避免血栓的形成，应顺应节气，分时调养，确保健康。

6 霜降保持生理平衡

霜降为二十四节气之一，从每年的阳历十月二十三或二十四日当太阳到达黄经二百一十度时开始。此时天气渐冷、开始降霜。《月令七十二候集解》中记载："九月中，气肃而凝，露结为霜矣。"每当霜降时，我国南方地区就进入了秋收秋种的大忙季节，而黄河流域一般多出现初霜。民间常有"霜降无霜，主来岁饥荒"，在我国少数民族聚集地云南更有"霜降无霜，碓头无糠"的说法。从中我们不难看出，人们在长期的劳动实践中总结了气候对生活的影响，以及人们在不同的季节又该如何使自身适应自然界的变化，从而使人与自然界之间保持着一种动态平衡。

这种动态平衡从中医养生学的角度看，不外乎有两点。其一，指机体自身各部分间的正常生理功能的平衡；其二，指机体功能与自然界物质交换过程中的相对平衡。而协调平衡是中医养生学的重要理论之一。我国古代的五行学认为，世界上的一切物质都由木、火、土、金、水这五种基本物质之间的运动变化而生成。在这五种物质之间存在着相生相克的"生克制化"关系，由此维持着自然界的生态平衡和人体生理的协调平衡。

霜降之时乃深秋之季，在五行中属金，五时中（春、夏、长夏、秋、冬）为秋，在人体五脏中（肝、心、脾、肺、肾）属肺，根据中医养生学的观点，在四季五补（春要升补、夏要清补、长夏要淡补、秋要平补、冬要温补）的相互关系上，则应以平补为原则，在饮食进补中当以食物的性味、归经加以区别。

秋季是易犯咳嗽的季节，也是慢性支气管炎容易复发或加重的时期。

## （四）冬

### 1. 立冬进补最佳时期

这是一个十分重要的节气，又是人们进补的最佳时期。中医学认为，这一节气的到来是阳气潜藏，阴气盛极，草木凋零，蛰虫伏藏，万物活动趋向休止，以冬眠状态养精蓄锐，为来春生机勃发作准备。

我国最早的医学经典著作《黄帝内经·素问·四季调神大论》中指出："冬三月，此谓闭藏，水冰地坼，无扰乎阳，早卧晚起，必待日光，使志若伏若匿，若有私意，若以有得，祛寒就温，无泄皮肤，使气亟夺，此冬气之应，养藏之道也。逆则伤

肾，春为痿厥，奉生者少。"这段经文精辟地论述了精神调养、起居调养和饮食调养的方法，并根据自然界的变化引入人体冬季养生的原则，它告诉我们，冬天是天寒地坼，万木凋零，生机潜伏闭藏的季节，人体的阳气也随着自然界的转化而潜藏于内。因此，冬季养生应顺应自然界闭藏之规律，以敛阴护阳为根本。在精神调养上要做到"使志若伏若匿，若有私意，若以有得"，力求其静，控制情志活动，保持精神情绪的安宁，含而不露，避免烦扰，使体内阳气得以潜藏。

起居调养强调了"无扰乎阳，早卧晚起，必待日光"，也就是说，在寒冷的冬季，不要因扰动阳气而破坏人体阴阳转换的生理机能。正如"冬时天地气闭，血气伏藏，人不可作劳汗出，发泄阳气"。因此，早睡晚起，日出而作，保证充足的睡眠，有利于阳气潜藏，阴精蓄积。而衣着过少过薄、室温过低既易感冒又耗阳气。反之，衣着过多过厚，室温过高则腠理开泄，阳气不得潜藏，寒邪易于侵入。中医认为："寒为阴邪，常伤阳气。"人体阳气好比天上的太阳，赐予自然界光明与温暖，失去她万物将无法生存。同样，人体如果没有阳气，将失去新陈代谢的活力。所以，立冬后的起居调养切记"养藏"。

饮食调养要遵循"秋冬养阴""无扰乎阳""虚者补之，寒者温之"的古训，随四时气候的变化而调节饮食。元代忽思慧所著《饮膳正要》曰："冬气寒，宜食黍以热性治其寒。"也就是说，少食生冷，但也不宜燥热，有的放矢地食用一些滋阴潜阳、热量较高的膳食为宜，同时也要多吃新鲜蔬菜以避免维生素的缺乏，如：牛羊肉、乌鸡、鲫鱼，多饮豆浆、牛奶，多吃萝卜、青菜、豆腐、木耳等。这里需要注意的是，我国幅员辽阔，地理环境各异，人们的生活方式不同，同属冬令，西北地区与东南沿海的气候条件迥然有别。冬季西北地区天气寒冷，宜进补大温大热之品，如牛、羊、狗肉等；而长江以南地区虽已入冬，但气温较西北地区要温和得多，应进补清补甘温之味，如鸡、鸭、鱼类；地处高原山区，雨量较少且气候偏燥的地带，则应以甘润生津的果蔬、冰糖为宜。除此之外，还要因人而异，因为食有谷肉果菜之分，人有男女老幼之别，体（体质）有虚实寒热之辨，本着人体生长规律和中医养生原则，少年重养，中年重调，老年重保，耄耋重延。故"冬令进补"应根据实际情况有针对性地选择清补、温补、小补或大补，万不可盲目"进补"。

2. 小雪时节多晒太阳

小雪表示降雪开始的时间和程度。民间认为：十月立冬小雪涨，斗指已，斯时天已积阴，寒未深而雪未大，故名小雪。这时的黄河以北地区已到了北风吹、雪花飘的孟冬，此时我国北方地区会出现初雪，虽雪量有限，但还是提示我们到了御寒保暖的季节。

小雪节气的前后，天气时常是阴冷晦暗的，此时人们的心情也会受其影响，特别是那些患有抑郁症的朋友更容易加重病情，所以在这个节气里患有抑郁症的朋友们在光照少的日子里要学会调养自己。

中医的观点是："怒伤肝、喜伤心、思伤脾、忧伤肺、恐伤肾。"人的精神状态反映和体现了人的精神和心理活动，而精神和心理活动的健康与否直接影响着精神疾病的发生发展，也可以说是产生精神疾病的关键。因此，中医认为精神活动与抑郁症的关系十分密切，把抑郁症的病因归结为七情所致不无道理，那么调神养生对患有抑郁症的朋友就显得格外重要。

另外，现代医学研究发现，季节变化对抑郁症患者有直接影响，因为与抑郁症相关的神经递质中，脑内 5—羟色胺系统与季节变化密切相关。春夏季，

5—羟色胺系统功能最强，秋冬季节最弱，当日照时间减少，引起了抑郁症患者脑内5—羟色胺的缺少，随之出现失眠、烦躁、悲观、厌世等一系列症状。

综观中西医学的观点，为避免冬季给抑郁症朋友带来的不利因素，建议变被动为主动，不妨用《管子》的愉悦调神法，即"凡人之生也，必以其欢，忧则失纪，怒则失端，忧悲喜怒，道乃无处"。调节自己的心态，保持乐观，节喜制怒，经常参加一些户外活动以增强体质，多晒太阳以保持脑内5—羟色胺的稳定，多听音乐让那美妙的旋律增添生活中的乐趣。清代医学家吴尚说过："七情之病，看花解闷，听曲消愁，有胜于服药者也。"除此之外，饮食调养也不容忽视。

3. 大雪进补要适度

大雪节气后，天气越来越凉，寒风萧萧，雪花飘飘，我国北方开始出现大幅度降温降雪天气。雪后的大风使气温骤降，咳嗽、感冒的人比平时增多。有些疾病的发生与不注意保暖有很大关系，中医认为，人体的头、胸、脚这三个部位最容易受寒邪侵袭。

俗话说"寒从脚下起"，脚离心脏最远，血液供应既慢又少，皮下脂肪较薄，保暖性较差，一旦受寒，会反射性地引起呼吸道黏膜毛细血管收缩，使抗病能力下降，导致上呼吸道感染。因此，数九严寒脚部的保暖尤应加强。

老年人因为天冷怕寒，冬天睡觉时爱多穿些衣服，其实这样做对健康很不利。因为人在睡眠时中枢神经系统活动减慢，大脑、肌肉进入休息状态，心脏跳动次数减少，肌肉的发射运动和紧张度减弱，此时脱衣而眠，可以很快消除疲劳，使身体的各个器官都得到很好的休息。另外，穿厚衣服睡觉，会妨碍皮肤的正常"呼吸"和汗液的蒸发，衣服对肌肉的压迫和摩擦还会影响血液的循环，造成体表热量减少，即使盖上较厚的被子，也会感到寒冷。这个季节，老年人摔伤手腕、股骨等处骨折的居多，从预防的角度看，老年人在雪天应减少户外活动。

### 4. 冬至加强身体锻炼

我国民间有"冬至过大年"的说法，意思是这一天与过年同样重要。中医阴阳学观点认为，冬至是阴气盛极而衰、阳气开始回升的节气，冬至以后的气温下降明显，天寒地冻，因此冬至后的养生十分重要。冬至有一个养生的小诀窍：多吃坚果。

冬至时节科学养生、调理得当，的确可以增强体质、减少疾病。除了保持精神豁达乐观、避免过度劳累、早睡晚起、适度运动、节欲保精外，饮食上不妨多吃坚果，如花生、核桃、板栗、榛子、杏仁等。虽然坚果高热量、高脂肪的特点让很多人担心吃多了会发胖，但是它们营养价值非常高。而且虽然坚果的油脂成分多，但都是以不饱和脂肪为主，因此有降低胆固醇、治疗糖尿病及预防冠心病等作用。此外，坚果中含有大量蛋白质、矿物质、纤维素等营养，并含大量具有抗皱纹功效的维生素 E，因此对抗老抗癌都有显著帮助。单纯从季节上看，冬至后也是最适宜吃坚果的季节，因为坚果性味偏温热，其他季节吃容易上火，而且吃坚果还有御寒作用，可以增强体质、预防疾病。

冬至后的饮食还宜多样化、清淡，不宜吃肥腻、过咸的食物。要多吃蛋白

质、维生素、纤维素含量高的食物，少吃脂肪、糖含量多的食物，适量多吃羊肉、狗肉、牛肉、芹菜、白萝卜、土豆、大白菜、菠菜、苹果、桂圆等。可做羊肉炖白萝卜、麻油拌菠菜等，有益气补虚、温中暖下的功效，适合腰膝酸软、困倦乏力、脾胃虚寒者服用。

**5. 小寒切忌暴饮暴食**

农谚说"小寒大寒，冷成一团"，意思是在小寒大寒的时节天气已十分寒冷，"小寒"一过，就迈入"出门冰上走"的三九天了。

进入"小寒"节气，也已进入数九寒天，饮食以冬季进补为主。冬季干冷，此时养生，特别强调的一点是"养肾防寒"：要补血、补气、补阴、补阳。民谚也有"三九补一冬，来年无病痛"之说，足见冬日养生进补的重要性。俗语"冬吃萝卜夏吃姜，不用医生开药方"，民俗中在冬日也有适当多吃点羊肉、狗肉的习惯。但不要千篇一律，本着缺什么补什么，顺其自然为好。因此，一定要注意，千万别贪恋油腻、辛辣的食品，应以补气润燥为主。

据说早年黄河流域的农家每逢小寒，家家都用"九九消寒图"来避寒，如今各种药膳火锅成了全国百姓消寒壮热的美味佳肴。正因如此，很多人忽略了合理进补的问题，特别是青年人，自恃体强而暴饮暴食，饥饱寒热无度，最终引来无穷后患。

**6. 大寒节阴阳调刚柔**

大寒虽是一年中的最后一个节气，但却是一年运气运动变化的开始。每年"运""气"的循环变化均始于大寒，虽仍处于寒冷时期，但已隐隐感受到春季的气息，此时人的身、心状态均应随着季节的变化而加以调整，以适应新的一年。人的养生保健也应随着节气的变换做出适当的变化。

所谓"暖身先暖心，心暖则身温"。就是说，心神旺盛，气机通畅，血脉顺和，全身四肢百骸才能温暖，方可抵御严冬酷寒的侵袭。因此在大寒时节，应安心养性，怡神敛气，可以通过适宜的活动、娱乐来调剂，保持心情舒畅，使体内的气血和顺，不扰乱机体内闭藏的阳气，做到"正气存内，邪不可干"。

"大寒"时节在起居方面仍要顺应冬季闭藏的特性，做到早睡晚起，早睡是为了养人体的阳气，晚起是为养阴气。另一方面，古语有云"大寒大寒，防风御寒"，大寒时节除了注意防寒之外，还应防风，衣着要随着气温变化而增减。

　　俗话说"寒从脚起，冷从腿来"，人的腿脚一冷，全身皆冷。入睡前以热水洗脚，能使血管扩张，血流加快，改善脚部的皮肤和组织营养，降低肌张力，改善睡眠质量，特别是那些爱在夜间看书写作，久坐到深夜的人，在睡觉之前，更应该用热水泡脚。

　　冬季活动、锻炼对养生有特殊意义。大寒时节的运动可分室内及室外两种，可进行慢跑、太极拳、八段锦、打篮球等体育锻炼，但均应注意适宜、适度，同时室外活动不可起得太早，等日出后为好。

　　大寒节的饮食仍应遵守保阴潜阳的冬季饮食原则。饮食宜减咸增苦以养心气，使肾气坚固，切忌粘硬、生冷食物，宜热食，防止损害脾胃阳气，但燥热之物不可过食，食物的味道可适当浓一些，要有一定量的脂类，保持一定的热量。此外，还应多食用黄绿色蔬菜，如胡萝卜、油菜、菠菜等。

# 四、二十四节气谣谚诗歌

## （一）二十四节气歌

### 1.

春雨惊春清谷天，夏满芒夏暑相连。

秋处露秋寒霜降，冬雪雪冬小大寒。

每月两节不变更，最多相差一两天。

上半年来六廿一，下半年是八廿三。

### 2.

西园梅放立春先，　云镇霄光雨水连。

惊蛰初交河跃鲤，　春分蝴蝶梦花间。

清明时放风筝好，　谷雨西厢宜养蚕。

牡丹立夏花零落，　玉簪小满布庭前。

隔溪芒种渔家乐，　农田耕耘夏至间。

小暑白罗衫着体，　望河大暑对风眠。

立秋向日葵花放，　处暑西楼听晚蝉。

翡翠园中沾白露，　秋分折桂月华天。

枯山寒露惊鸿雁，　霜降芦花红蓼滩。

立冬畅饮麒麟阁，　绣襦小雪咏诗篇。

幽阖大雪红炉暖，　冬至琵琶懒去弹。

小寒高卧邯郸梦，　捧雪飘空交大寒。

### 3.

立春梅花分外艳，雨水红杏花开鲜；

惊蛰芦林闻雷报，春分蝴蝶舞花间。

清明风筝放断线，谷雨嫩茶翡翠连；

立夏桑果像樱桃，小满养蚕又种田。

芒种玉秧放庭前，夏至稻花如白练；

小暑风催早豆熟，大暑池畔赏红莲。

立秋知了催人眠，处暑葵花笑开颜；

白露燕归又来雁，秋分丹桂香满园。
寒露菜苗田间绿，霜降芦花飘满天；
立冬报喜献三瑞，小雪鹅毛片片飞。
大雪寒梅迎风狂，冬至瑞雪兆丰年；
小寒游子思乡归，大寒岁底庆团圆。

## （二）二十四节气七言诗

地球绕着太阳转，绕完一圈是一年。
一年分成十二月，二十四节紧相连。
按照公历来推算，每月两气不改变。
上半年是六廿一，下半年逢八廿三。
这些就是交节日，有差不过一两天。
二十四节有先后，下列口诀记心间。
一月小寒接大寒，二月立春雨水连。
惊蛰春分在三月，清明谷雨四月天。
五月立夏和小满，六月芒种夏至连。
七月大暑和小暑，立秋处暑八月间。
九月白露接秋分，寒露霜降十月全。
立冬小雪十一月，大雪冬至迎新年。
抓紧季节忙生产，种收及时保丰年。

## （三）二十四节气气候农事歌

立春
立春春打六九头，春播备耕早动手，
一年之计在于春，农业生产创高优。

雨水
雨水春雨贵如油，顶凌耙耢防墒流，
多积肥料多打粮，精选良种夺丰收。

惊蛰
惊蛰天暖地气开，冬眠蛰虫苏醒来，

中国古代天文历法

冬麦镇压来保墒，耕地耙耘种春麦。

### 春分

春分风多雨水少，土地解冻起春潮，

稻田平整早翻晒，冬麦返青把水浇。

### 清明

清明春始草青青，种瓜点豆好时辰，

植树造林种甜菜，水稻育秧选好种。

### 谷雨

谷雨雪断霜未断，杂粮播种莫迟延，

家燕归来淌头水，苗圃枝接耕果园。

### 立夏

立夏麦苗节节高，平田整地栽稻苗，

中耕除草把墒保，温棚防风要管好。

### 小满

小满温和春意浓，防治蚜虫麦秆蝇，

稻田追肥促分蘖，抓绒剪毛防冷风。

### 芒种

芒种雨少气温高，玉米间苗和定苗，

糜谷荞麦抢墒种，稻田中耕勤除草。

### 夏至

夏至夏始冰雹猛，拔杂去劣选好种，

消雹增雨干热风，玉米追肥防粘虫。

### 小暑

小暑进入三伏天，龙口夺食抢时间，

玉米中耕又培土，防雨防火莫等闲。

### 大暑

大暑大热暴雨增，复种秋菜紧防洪

勤测预报稻瘟病，深水护秧防低温。

### 立秋

立秋秋始雨淋淋，及早防治玉米螟，

深翻深耕土变金，苗圃芽接摘树心。

### 处暑

处暑伏尽秋色美，玉主甜菜要灌水，

二十四节气

粮菜后期勤管理，冬麦整地备种肥。

白露

白露夜寒白天热，播种冬麦好时节，
灌稻晒田收葵花，早熟苹果忙采摘。

秋分

秋分秋雨天渐凉，稻黄果香秋收忙，
碾谷脱粒交公粮，山区防霜听气象。

寒露

寒露草枯雁南飞，洋芋甜菜忙收回，
管好萝卜和白菜，秸秆还田秋施肥。

霜降

霜降结冰又结霜，抓紧秋翻蓄好墒，
防冻日消灌冬水，脱粒晒谷修粮仓。

立冬

立冬地冻白天消，羊只牲畜圈修牢，
培田整地修渠道，农田建设掀高潮。

小雪

小雪地封初雪飘，幼树葡萄快埋好，
利用冬闲积肥料，庄稼没肥瞎胡闹。

大雪

大雪腊雪兆丰年，多种经营创高产，
及时耙耱保好墒，多积肥料找肥源。

冬至

冬至严寒数九天，羊只牲畜要防寒，
积极参加夜技校，增产丰收靠科研。

小寒

小寒进入三九天，丰收致富庆元旦，
冬季参加培训班，不断总结新经验。

大寒

大寒虽冷农户欢，富民政策夸不完，
联产承包继续干，欢欢喜喜过个年。

### （四）二十四节气谚语

"学谚事，识天气"是普及气象知识的一项举措，也与我们的生活息息相关，无论是老年朋友或是年轻一代，都可以从二十四节气谚语中获得真知和启迪。二十四节气深深影响着老百姓的日常生活，特别是一些相关谚语更是通俗而深刻地揭示出四季轮回与农业生产、物候变化之间密切相连的客观规律，读起来朗朗上口，记起来形象生动。

> 打春阳气转，雨水沿河边。
>
> 惊蛰乌鸦叫，春分地皮干。
>
> 清明忙种麦，谷雨种大田。
>
> 立夏鹅毛住，小满雀来全。
>
> 芒种开了铲，夏至不纳棉。
>
> 小暑不算热，大暑三伏天。
>
> 立秋忙打靛，处暑动刀镰。
>
> 白露忙割地，秋分把地翻。
>
> 寒露不算冷，霜降变了天。
>
> 立冬交十月，小雪地封严。
>
> 大雪河叉上，冬至不行船。
>
> 小寒再大寒，转眼又一年。

東郊按西鄰姓惟
朱與陳相逢皆玉
威不擬喚喜賓穀
賤徙貓喜糯收酒
真帚愧周陘
云醇每圖幽雅意
癸巳季秋下澣
御題

# 天干与地支

天干地支，简称"干支"。在中国古代的历法中，甲乙丙丁午己庚辛壬癸被称为"十天干"，子丑寅卯辰已午未申酉戌亥叫做"十二地支"。天干地支在我国古代主要用于纪日，此外还曾用来纪月、纪年、纪时。

# 一、略谈天干与地支

天干指甲、乙、丙、丁、戊、己、庚、辛、壬、癸；地支指子、丑、寅、卯、辰、巳、午、未、申、酉、戌、亥；而天干和地支可以两两相配组成六十甲子：

1.甲子　2.乙丑　3.丙寅　4.丁卯　5.戊辰　6.己巳　7.庚午　8.辛未　9.壬申　10.癸酉　11.甲戌　12.乙亥　13.丙子　14.丁丑　15.戊寅　16.己卯　17.庚辰　18.辛巳　19.壬午　20.癸未　21.甲申　22.乙酉　23.丙戌　24.丁亥　25.戊子　26.己丑　27.庚寅　28.辛卯　29.壬辰　30.癸巳　31.甲午　32.乙未　33.丙申　34.丁酉　35.戊戌　36.己亥　37.庚子　38.辛丑　39.壬寅　40.癸卯　41.甲辰　42.乙巳　43.丙午　44.丁未　45.戊申　46.己酉　47.庚戌　48.辛亥　49.壬子　50.癸丑　51.甲寅　52.乙卯　53.丙辰　54.丁巳　55.戊午　56.己未　57.庚申　58.辛酉　59.壬戌　60.癸亥

这是干支对应组合，应用最为广泛。

干支还有另外的组合形式，如遁甲，即将上表中带甲的组合排出，用于预测学，也称帝王术。

此外，还有以天干为主的综合性组合和以地支为主的综合性组合，以天干为主的有六甲、六壬：

六甲指甲子、甲戌、甲申、甲午、甲辰、甲寅，我国古代星象家用于星座划分。

六壬指壬申、壬午、壬寅、壬辰、壬子、壬戌，这是古代占卜的一种方法。

以地支为主的综合性组合有五子等，五子指甲子、丙子、戊子、庚子、壬子，这和《易经》有关。

中华民族是世界上最古老的民族之一，在科学技术上的发明对人类有伟大的贡献，最显著的例子便是造纸术、印刷术、火药和指南针。这四种发明改变了整个世界的

中国古代天文历法

面貌，在文化上、工业上、航海上产生了无穷的力量和影响。

然而，我们祖先的成就远不止这些，在天文历法方面也同样有辉煌的成就，特别是以甲、乙、丙、丁、戊、己、庚、辛、壬、癸十个天干和子、丑、寅、卯、辰、巳、午、未、

申、酉、戌、亥十二地支组合构成六十甲子周期表就是其中极有价值的一部分。甲子周期表为历代各种不同历法的发展、变革提供了一个连续不断、无限延伸的参考系列，可以说六十甲子用它的变化撑起了中华民族五千年的辉煌大厦。

天干地支是我国特有的文化遗产，属于我国传统文化中天文、历法和年代学范畴。作为文化遗产，天干地支至今还在当代的历法中和年代学中被应用着。

此外，天干地支在民俗文化上，在中医学上，更是大显身手。

民俗学包括占卜术、风水术、星象术、择吉术等，大多和天干地支知识有关系。有的以干支作为判定吉凶宜忌的准则，如占卜天气的农谚就有"甲子雷鸣蝗虫多""立冬之日怕逢壬"。前者是说甲子日打雷会闹蝗灾，后者是说立冬节气那天逢壬不好。唐朝以前，民间常以干支为准则确定一些禁忌之日，如以天干为准的就有"丁不剃头""己不伐树""酉不会客"等。

我国的中医学源远流长，从《黄帝内经》算起已有三千来年的历史了。在中医学的基础理论中，子午流注针灸法等都融进了天干地支知识。《黄帝内经》里说："以春甲乙伤于风者为肝风，以夏丙丁伤于风者为心风……"将病症和干支结合起来，对治疗有指导作用。

天干地支还用于成语中，如"付诸丙丁"指把东西放在火中烧掉了，在五行中，丙丁对应火；"丁卯不乐"指逢丁之日和逢卯之日不奏乐，表示哀悼；"寅吃卯粮"比喻入不敷出，预先支付了以后的收入。

人们平时习惯于用甲乙丙丁表示等级，可以指质量，也可以指成绩等。人们在签订合同、协议书时也习惯于用甲方、乙方，甚至丙方。

干支已经深入人们的生活之中，再也离不开了。

最近，世界各国科学家经过认真研究，公认天干地支具有预测预报功能，是包括天灾在内的预测预报的重要手段之一。

天干地支不仅用于纪时，在漫长的历史长河中，它还被中华民族广泛地应用于预测之中。在远古时代，中医就运用天干来预测疾病的发展趋势，如说肝病甚于庚辛，愈于丙丁；肺病甚于丙丁，愈于壬癸；心病甚于壬癸，愈于戊己。

天干地支具有的预测功能，经过我们祖先的长期运用，有非常高的准确度。它有可能蕴藏着宇宙的秘密信息，蕴藏着气候变化的秘密程序，蕴藏着人类生命的神秘密码，蕴藏着事物发展的神奇节奏。如果天干地支不蕴藏着这些人类未知的秘密，又怎能用于准确的预测呢？

当然，天干地支曾被蒙上一层神秘的面纱，用于迷信占卜。我们要发掘其科学部分加以弘扬，为历法改革和人类预测服务，为人类造福。

# 二、有关干支的传说

## （一）十个太阳值日，十二个月亮值月

关于天干地支的由来有两种截然不同的说法。有人说是黄帝让他的大臣创造的，有人说干支的出现和古人对太阳和月亮运行周期的认识有关。

东汉大学者蔡邕说黄帝的大臣大挠创造了干支，其后的一些典籍就随之附和，于是大挠创造干支的说法便流传下来。此说和仓颉造字之说同样经不起推敲，是不符合真实历史的。

经过学者对有关文献、出土文物等多方面考证，认为大挠创造干支只不过是一种神话传说而已，实际上干支不可能仅仅靠一个人在短期内创造出来，并为人们普遍接受。干支是我们祖先在远古时代经长期生产生活实践后逐渐总结出来的一种表述时间的方法。

十天干的产生和十个太阳的传说有关，《山海经·大荒南经》说帝喾的妻子羲和生了十个太阳，九个太阳住在下面的树枝上，一个太阳住在上面的树枝上。这是说十个太阳同住在一棵大树上，每天轮流值日，住在上面树枝上的就是值日的太阳。十个太阳轮流一周就是十天，也就是一旬，现在仍有上旬、中旬、下旬之说。为有所区别，就给十个太阳分别命名甲、乙、丙、丁、戊、己、庚、辛、壬、癸。于是，十天干出现了。

在原始时代，我们的祖先体验到了寒暑交替的循环往复，以野草绿了一次为一年。如果问一个人几岁了，他总是回答说几草了。例如：一个人二十岁了，就说二十草了。

后来，我们祖先发现月亮盈亏周期可以用来衡量一年的长短，发现十二次月圆为一年。这一发现是我们祖先最伟大的成果之一，一年即一岁。这时，当问一个人多大了，他就会回答说多少岁了，不再说多少草了。

古人认为一年有十二个月亮值班，一个月亮主管一个月。人们给每个月值班的月亮都起了名字，第一个月的月亮称子月，第二个月的月亮称丑月，依次为寅月、卯月、辰月、巳月、午月、未月、申月、酉月、戌月、亥月。于是，十二地支也出现了。

## （二）十男和十二女

近年，学者在神农架地区发现了汉族创世史诗《黑暗传》，其中讲到了干支的来历：

开天辟地时，玄黄神骑着混沌兽遨游，遇到了女娲。

女娲身边有两个肉包，大肉包里有十个男子，小肉包里有十二个女子。玄黄神说："这十男和十二女是天干神和地支神，是来治理乾坤的。"

于是，女娲为他们分别取名，男的分别叫甲、乙、丙、丁、戊、己、庚、辛、壬、癸；女的分别叫子、丑、寅、卯、辰、巳、午、未、申、酉、戌、亥。男的统称天干，女的统称地支，让他们配夫妻，合阴阳，不久便生出了六十个孩子，即六十甲子。

## （三）十二生肖

我们祖先将一昼夜分为十二个时辰，并用十二地支称呼他们。每个时辰相当于两个小时，现在称之为大时。这十二时即子、丑、寅、卯、辰、巳、午、未、申、酉、戌、亥。

后来，人们发现每个时辰里都有一种动物最为活跃，于是便开始用动物指代时辰了：

夜晚十一时到凌晨一时是子时，此时老鼠最为活跃，老鼠代表智慧。

凌晨一时到三时是丑时，此时牛正在反刍，养足体力准备耕田，牛代表勤奋。

三时到五时是寅时，此时老虎到处觅食，最为凶猛，

中国古代天文历法

老虎代表勇猛。

　　五时到七时为卯时，这时兔子开始出来觅食，天上的兔子也在忙于捣药，兔子代表谨慎。

　　七时到九时为辰时，这正是神龙行雨的好时光，龙代表仁勇。

　　九时到十一时为巳时，此时蛇开始活跃起来，蛇代表柔韧。

　　上午十一时到下午一时为午时，正是马跑最快的时候，马代表勇往直前。

　　下午一时到三时是未时，羊在这时吃草正香，长得更壮了，羊代表和顺。

　　下午三时到五时为申时，这时猴子活跃起来，不停地啼叫，猴子代表灵活。

　　五时到七时为酉时，夜幕降临，鸡开始归窝，鸡代表恒定。

　　晚上七时到九时为戌时，狗开始守夜，狗代表忠诚。

　　晚上九时到十一时为亥时，此时万籁俱寂，猪正在酣睡，养得膘肥体壮，猪代表随和。

　　生肖传至今日，深入人心。后来，人们用干支纪年时，也用十二生肖代指不同的年份了。

# 三、有关干支的史事

## （一）天干用作帝王之名

我们祖先曾将天干用于人名，最早曾用于帝王之名。

我国第九个五年计划的重点科研项目夏商周断代工程确定夏朝约相当于公元前 2070 年—公元前 1600 年，商朝约相当于公元前 1600 年—公元前 1046 年。这两个朝代的帝王有的是以天干命名的，不是根据其出生日定的，就是根据其去世日定的。其实，用天干命名在当时类似间接的纪日法。其中，夏朝的亡国之君夏桀名为履癸，商朝的开国之君商汤名为太乙。

夏、商之后，随着人口繁衍，文化发达，名字也开始复杂了，大多以姓氏为依据，以天干命名的习俗逐渐被淘汰了。

## （二）甲子日武王伐纣

三千多年前，周武王经过四年的准备和练兵后，联合西南的庸、蜀、羌、微、卢、彭、濮等部向商王朝发起进攻。周武王的军队行至牧野时，举行讨伐商纣王的誓师大会，历数商纣王的罪状。商纣王闻讯，匆忙发兵抵抗。两军一交手，商军士兵纷纷倒戈，周军占领商朝的都城朝歌，商纣王自焚而死，商朝灭亡了。

灭商后，周武王被推为天下共主，建立了周朝。周武王伐纣，一战击溃商朝大军，这一战是开创周朝八百年的重要战役。这场战役究竟发生在哪一天？人们都很关心这件事。

利簋帮助人们解决了这一难题。利簋铭文中有"珷征商"字样，又被称为"武王征商

中国古代天文历法

簋"。簋是古代的盛食具，相当于现代的碗。因铸簋的人名叫利，所以称为"利簋"。利簋于 1976 年出土于陕西临潼县零口镇，现藏于中国国家博物馆。利簋通高 28 厘米，口径 22 厘米，重 7.95 千克。簋腹腹内底部的铭文有重要的史料价值，铭文 4 行 32 字："武王征商，唯甲子朝，岁鼎，克昏夙有商，辛未，王在阑师，赐有事利金，用作檀公宝尊彝。"译文大意是：武王征伐商国，甲子日早上，岁祭，占卜，能克，传闻各部军队，早上占有了朝歌，辛未那天，武王的军队在阑驻扎，赏赐右史利铜，用作檀公宝尊彝。

利得到铜后，觉得很荣耀，就用铜铸造宝器来纪念周武王伐纣这件事。据此，人们知道周武王于甲子这天伐商。

江晓原教授根据史书上的天象记载，运用电脑及现代天文学，考订出周武王伐纣的正确日期。公元前 1045 年 12 月 4 日，周武王率军出发；公元前 1044 年 1 月 3 日，周武王的军队渡过孟津；公元前 1044 年 1 月 9 日，周武王军队与商朝军队在牧野决战并获得决定性的胜利。

这项重要的学术研究成果不仅使周武王伐纣这一重大历史事件的时间座标得到了明确的定位，而且为商周两朝的断代提供了一个至关重要的基点。

（三）庚戌年孔子降生

孔子的生年历来未能确定。唐代司马贞曾感叹道："《经》、《传》生年不定，致使孔子寿数不明。"

上世纪，我国出现了几种不同的孔子诞辰，各执一端，使得各处的纪念活动无法统一。

《春秋公羊传》说："（襄公）二十有一年，……九月庚戌朔，日有食之。冬十月庚辰朔，日有食之。……十有一月，庚子，孔子生。"

《春秋谷梁传》说："（襄公）二十有一年，……九月庚戌朔，日有食之。冬十月庚辰朔，日有食之。……庚子，孔子生。"

这两部书都说孔子出生于鲁襄公二十一年，即公元前 551 年；又都明确记载了孔子出生日的纪日干支是庚子；不同的是一为十一月，一为十月。

幸运的是《春秋公羊传》和《春秋谷梁传》在孔子出生这一年中都记载了日食，这是人们解决问题的天文学依据。日食是极罕见的天象，同时又是可以用于精确的回推的。《春秋》242年中，记录日食共37次，用现代天体力学方法回推验证，鲁襄公二十一年在曲阜确实可以见到一次日偏食，这就与"九月庚戌朔，日有食之"的记载完全吻合。而在次年，即鲁襄公二十二年，没有任何日食。

我国学者运用现代天文学方法，推算出我国古代伟大的思想家、教育家孔子出生于公元前551年10月9日。

孔子一生整理了几部我国古代重要典籍，有《诗经》《尚书》《春秋》等。《诗经》是我国最早的一部诗歌总集，共收集西周、春秋时期的诗歌305篇，其中很多是反映古代社会生活的民间歌谣，在我国文学史上占有很重要的地位。《尚书》是一部我国上古历史文献的汇编，有重要的历史价值。《春秋》是根据鲁国史料编成的一部历史书，它记载着公元前722年到公元前481年约242年间的大事，宣传王道思想，是中国最早的编年体史书。

孔子死后，他的弟子继续传授他的学说，渐渐形成了一个儒家学派，孔子成了儒家学派的创始人。

孔子的学术思想对后世影响极大，影响了我国两千多年来的历史。他提倡的仁爱思想已经成了中华民族精神文明的核心，至今对和谐社会的建设仍有积极作用。

## （四）庚寅日屈原降生

农历五月初五是中国民间的传统节日端午节，它是中华民族古老的传统节日之一。端午也称端五和端阳。此外，端午节还有许多别称，如午日节、重五节、五月节、浴兰节、女儿节、

天中节、地腊节、诗人节、龙日等等。虽然名称不同，但各地人民过节的习俗还是大同小异的。

过端午节是中国人两千多年来的传统习惯，其内容主要有女儿回娘家，挂钟馗像，迎鬼船、躲午，贴午叶符，悬挂菖蒲、艾草，佩香囊，赛龙舟，比武，击球，荡秋千，给小孩涂雄黄，饮用雄黄酒、菖蒲酒，吃五毒饼、咸蛋、粽子和时令鲜果等。

屈原死于农历五月初五，那么他出生于哪一天呢？

屈原在他的著名作品《离骚》中说："摄提贞于孟陬兮，惟庚寅吾以降。"这句是说太岁星逢寅的那年正月，又是庚寅的日子，我降生了。这两句话说明这一年是寅年；孟是始，陬是正月，夏历以建寅之月为岁首，说明这年正月是寅月；庚寅则说明这一天是寅日。屈原出生在寅年寅月寅日，巧得很，一共三个寅，这可是个好日子。

屈原不但生日好，人也好。

屈原出身贵族，知识渊博，通晓治国之术，熟悉外交辞令。学成后出任楚国三闾大夫，在内与楚怀王商讨国事，发号施令；对外则接待宾客，应酬诸侯，为国家作出了很大的贡献。后来，楚怀王听了小人的谗言，渐渐疏远屈原，并将他流放了。

屈原见楚怀王不能明辨是非，竟被谗言蒙蔽，让邪恶的小人为非作歹，以致君子不为朝廷所容，因此十分苦闷，便挥毫写了一篇长诗《离骚》，抒发了自己内心的情感。

《离骚》长达数千言，汪洋恣肆，无所不包。文中列举的事例虽然浅近，但含义却十分深远。屈原志趣高洁，行为廉正，远离污泥浊水，游于尘世之外，不与小人同流合污。屈原的高尚品德可与日月争辉，与天地同在。

不久，屈原在流放途中听说秦军灭了楚国。他不肯做亡国奴，怀着万分沉痛的心情，写了一篇《怀沙》赋后，抱着石头投汨罗江自杀而死。

屈原的爱国精神一直活在华夏人民的心里，他的作品《离骚》不仅是中国文学的经典之作，也是世界文学的瑰宝。

### （五）汉章帝推行干支纪年

汉章帝生于光武帝建武中元二年（57年），是汉明帝的第五个儿子。

汉章帝的生母是马皇后的同母异父的姐姐贾贵人。因为马皇后没有孩子，汉章帝从小由马皇后抚养，后来被立为太子。

汉章帝从小就很厚道，爱好学习，人又极其聪明。他尤其喜欢儒家学说，凡是儒家经典他都能背诵。

汉明帝驾崩后，刘炟即位，时年19岁。

汉章帝即位的第二年，中原和东方一带发生了严重的旱灾，赤地千里，饿殍遍地。汉章帝急得如坐针毡，下令说："快将仓库打开，将粮食发给灾民！"听说粮食发下去了，他才安下心来召集大臣商量对策。大臣们纷纷进言，司徒鲍昱说："天降旱灾，是由于阴阳失调。陛下首先要赦免流放的刑徒和关在监狱中的人。"尚书陈宠也上书说："治国如同调琴一样，弦太紧会断，刑太重百姓会不满的。因此，陛下一定要减轻刑罚。"汉章帝听取了他们的建议，立即大赦天下。这样，社会矛盾立即缓和，社会秩序也安定了。官民共同努力，渡过了天灾造成的难关。

汉章帝即位后，特别重视农业生产。一天，他带大臣们出巡，看见农民正在忙着种田，他也按捺不住了，竟亲自到地里去耕田。这事传开后，见皇上尚且如此重视农业生产，百姓都安心种田了。

汉章帝常说："王者八政，以食为本。"他命令各级官府说："不得无故扰民，不得影响春耕和播种。要动员流民回乡，安心种田。凡是愿意回乡的流民，一路上由官府给予照顾。"为了让农民集中精

中国古代天文历法

力种田，他轻徭薄赋，减轻了农民负担。

在汉章帝的督促下，各级官府都大抓农业生产。因此，汉章帝在位期间，经济大为发展，被称为东汉盛世。

汉章帝建初八年（83年），校书郎杨终上书说："天下太平，国家无事，陛下应该注重文教，整理五经。自从武帝独尊儒术以来，解释经书的人各持己见，众说纷纭，莫衷一是，造成了学术上的混乱，往往离题千里，不合圣人微旨。请陛下仿照宣帝召集名儒于石渠阁讲经的盛事，给五经做出正确的解释，为后世留下范本。"汉章帝对杨终的建议十分赞许。他从小爱读五经，对于五经的不同解释早就不满。于是，他召集全国名儒，到洛阳北宫的白虎观中开会，对五经逐条做出解释，最后由他裁决，定出正确的解释。散会后，汉章帝命班固将正确的解释整理成书，取名《白虎通德论》，简称《白虎通》或《白虎通义》。

过去五经解释烦琐，歧义百出。白虎观会议之后，五经有了皇帝认可的权威解释，为中华民族的文化发展作出了巨大的贡献。

汉章帝还有一项巨大的贡献，那就是影响千古的干支纪年。

汉章帝元和二年（85年），下令在全国推行干支纪年，以当年为乙酉年。

从乙酉年（85年）至今，近两千年来从未间断过，也从未错乱过，排列有序，历历可查，无论对国家经济还是国家政治都是大有好处的。尤其在核对史实年代方面，更是大有裨益。

干支纪年以立春作为一年的开始，不是以农历正月初一作为一年的开始。例如，1984年是甲子年，但严格来讲，当年的甲子年是自1984年立春起，至1985年立春止。

### （六）"岁在甲子天下大吉"

东汉建立后，豪强地主在政治和经济上都享有很多特权。光武帝统一全国后，大封亲戚、功臣为王侯。每个王侯都得到了大量的封地，有的多达四县到

天干与地支

六县的土地。如济南王刘康一人就占有私田八万亩、奴婢一千四百人、骏马一千二百四，整天过着花天酒地的生活。

除贵族外，从中央到地方，各级官吏都由豪强地主子弟担任，形成世袭的官僚集团，称霸一方，欺压百姓。

地主建立起拥有大量土地的庄园，每个庄园都是一个独立王国，以农业为主，也有手工业和畜牧业。庄园主强迫贫困破产的农民做农奴，让他们长年在庄园里劳动，不许随便离开。这些农奴被称为"徒附"。徒附在地主的控制下种植谷物、蔬菜、桑麻，还养蚕、织帛、缝衣、酿酒、制糖，他们还给主人养马、放牛、喂猪，替地主生产生活必需品和消费品。徒附虽然整年辛勤劳动，但吃不饱，穿不暖，死后连葬身之地都没有。徒附的妻子儿女也要被迫成为徒附，受地主的压迫和奴役。地主控制下的徒附不能在户籍上登记。一个地主往往控制着上万家徒附，占有亿万财富，过着穷奢极欲的生活。

汉灵帝养了许多狗，狗的头上都戴着官帽，身上还缠着彩带。汉灵帝为了搜刮更多的钱财，竟公开卖官鬻爵。他在西园设立"卖官所"，标出各级官衔的价目，公的价目是一千万，卿的价目是五百万，现钱交易，也可以赊欠，到任以后再加倍交款。此风一开，老百姓又一次遭到灾难性的掠夺。花钱买官的官吏上任后拼命敲榨百姓，不仅要捞回买官的本钱，还要搜刮十倍百倍的钱财中饱私囊。

朝廷腐败，地主豪强如狼似虎，再加上接二连三的天灾，逼得老百姓再也活不下去了，只得纷纷起来造反。巨鹿郡有兄弟三人，老大张角，老二张宝，老三张梁，都挺有本事。张角懂得医术，为穷人治病从不收钱，穷人都很尊敬他。张角知道农民受地主豪强的压迫和天灾的折磨，都盼望出现一个太平世界，好过上安乐的日子。于是他创立了一个教门叫太平道，利用宗教把群众组织起来。他还收了一些弟子，跟他一起传教。张角派他的兄弟张宝、张梁和弟子周游各地，一面治病，一面传教，相信太平道的人越来越多了。大约花了十年工夫，太平道传遍了全国，各地的教徒发展到几十万人。

　　当时，地方官认为太平道劝人为善，为人治病，因此谁也没有认真过问。朝廷里有一两个大臣看出苗头，奏请汉灵帝下令禁止太平道。汉灵帝正忙着建造林园，根本不把太平道放在心上。张角把全国几十万教徒组织起来，分为三十六方，大方一万多人，小方六七千人，每方推举一个首领，由张角统一指挥。张角和三十六方首领约定，于"甲子"年（184 年）三月初五，在京城和全国同时起义，口号是"苍天已死，黄天当立；岁在甲子，天下大吉"。

　　"苍天"指东汉王朝，"黄天"指太平道。张角暗暗派人用白粉在洛阳的寺庙和各州郡的官府大门写上"甲子"二字，作为起义的暗号。

　　不料，在离起义还有一个多月的紧要关头，起义军内部的叛徒向朝廷告了密。朝廷立刻在洛阳搜查，将在洛阳做联络工作的太平道领袖马元义逮捕斩首，和太平道有联系的一千多人也惨遭杀害。形势突变，张角当机立断，决定提前一个月起义。张角自称天公将军，称张宝为地公将军，张梁为人公将军。三十六方的教徒接到张角的命令后，立即同时起义了。起义队伍人人头裹黄巾作为标志，人称"黄巾军"。黄巾军攻打郡县，火烧官府，惩办官吏和地主豪强；打开监狱，释放囚犯；没收官家的财物，开仓放粮。不到十天，全国纷纷响应。起义军从四面八方涌向京都洛阳，各郡县的告急文书像雪片一样飞向朝廷。汉灵帝这才慌了，忙召集大臣商量对策。汉灵帝拜国舅何进为大将军，同时派出大批人马，由皇甫嵩、朱儁、卢植率领，分两路前去镇压黄巾军。

　　黄巾军声势浩大，像黄河决口一样，官军哪里抵抗得了。大将军何进不得不奏请汉灵帝下了一道诏书，吩咐各州郡招兵对付黄巾军。于是，各地的宗室贵族、州郡长官、地主豪强都借着打黄巾军的名义招兵买马，抢夺地盘，扩张势力，拥兵自重，把整个国家搞得四分五裂。黄巾军坚持了九个月的苦战，终于被东汉朝廷和各地地主豪强的军队血腥镇压下去。在紧张战斗的关键时刻，黄巾军领袖张角不幸病死。张梁、张宝继续带领将士和官军进行殊死搏斗，先后牺牲。起义虽然失败了，但是化整为零的黄巾军一直坚持战斗了二十年。

经过这场暴风骤雨般的大起义，东汉王朝的腐朽统治受到了致命的打击，从此一蹶不振了。

### （七）甲午战争

中日甲午战争是1894年7月末至1895年4月日本侵略中国和朝鲜的战争。战争爆发的1894年（光绪二十年）按中国干支纪年是甲午年，故称甲午战争。

1894年春，清朝附属国朝鲜爆发了东学党起义，朝鲜政府请清政府出兵帮助镇压。日本政府表示对中国出兵决无他意，但当清军入朝时，日本也派大军入朝，于7月25日突袭中国北洋舰队，挑起中日甲午战争。

战争打响后，两国海军进行了黄海大战，中国战败。陆上，日军从朝鲜打到奉天（今辽宁沈阳市），占领了大片领土。1895年初，日军又侵占山东威海。

清政府无力抗战，一再求和，最后派直隶总督李鸿章为头等全权大臣前往日本马关，与日本全权代表、总理大臣伊藤博文和外务大臣陆奥宗光议和。

4月1日，日方提出了十分苛刻的议和条款，李鸿章乞求降低条件。10日，日方提出最后修正案，要中方明确表示是否接受，不许再讨论。在日本威逼下，

中国古代天文历法

清廷只得接受。4月17日，李鸿章代表清廷签订了丧权辱国的《马关条约》。

《马关条约》又称《春帆楼条约》，共11款，主要内容有：①中国承认朝鲜"完全无缺之独立自主国"（实则承认日本对朝鲜的控制）；②中国将辽东半岛、台湾岛及所有附属各岛屿、澎湖列岛割让给日本；③中国赔偿日本军费白银两亿两；④开放沙市、重庆、苏州、杭州四地为通商口岸，日本政府的派遣领事官在以上各口岸驻扎，日本轮船可驶入以上各口岸搭客装货；⑤日本臣民可在中国通商口岸城市任便从事各项工艺制造，将各项机器任便装运进口，其产品免征一切杂税，享有在内地设栈存货的便利；⑥日本军队暂行占领威海卫，由中国政府每年付占领费库平银五十万两，在未经交清末次赔款之前日本不撤退占领军；⑦本约批准互换之后，两国将战俘尽数交还，中国政府不得处分战俘中的降敌分子，立即释放在押的为日本军队效劳的间谍分子，并一概赦免在战争中为日本军队服务的汉奸分子，免予追究。

《马关条约》是继《南京条约》之后最严重的不平等条约，它给近代中国社会带米严重的危害，是帝国主义变中国为半殖民地半封建社会的一个重要的步骤，又一次把中华民族带入了灾难的深渊。

（八）戊戌变法

1895年4月，日本逼清政府签订了《马关条约》。这一消息传到北京后，康有为发动在北京应试的一千三百多名举人联名上书光绪皇帝，痛陈民族危亡的严峻形势，提出变法维新的主张。

在维新人士的积极推动下，1898年6月11日，光绪皇帝颁布"明定国是"诏书，宣布变法。新政从此开始，历时103天，史称"百日维新"。因这一年在中国干支纪年中是戊戌年，所以也称戊戌维新或戊戌变法。

在此期间，光绪皇帝根据康有为等人的建议，颁布了一系列变法诏书和谕令，主要内容如下：经济上，设立农工商局、路矿总局，提倡开办实业；修筑铁路，开采矿藏；组织商会，改革财政。政治上，广开言路，允许官民上书言事。军事上，裁汰绿营，编练新军。文化上，废八股，兴西学；创办京师大学堂；设译书局，派留学生；奖励科学著作和发明。

这些革新政令目的在于学习西方文化、科学技术和经营管理制度，发展资本主义，建立君主立宪政体，使国家富强起来。

维新运动时期，各地创办了不少社会风俗改良团体，如不缠足会、戒鸦片烟会、延年会等，动员群众改变恶风陋习。维新派把移风易俗的措施，通过新政法令的形式，以光绪皇帝的名义公布于全国。例如：凡民间祠庙不在典册者，由地方官改为学堂，以便达到废淫祠、开民智的目的。乡试、会试及童生各试，过去用四书的一律改试策论，一切考试均不用五言八韵诗，以讲求实学实效为主，不凭借楷书之优劣分高下。准许满人经营商业，改变满人的寄生习俗。

由于维新人士在当局的支持下做了大量工作，一些过去不敢想、不能做的事情，如女子放足、女子上学等渐渐形成潮流。与欧美同俗、断发易服、废跪拜礼等在当时看来是极其荒唐的主张也正式向清廷提出来，甚至鼓动得光绪皇帝也动了心，想要换掉满族服装，废掉跪拜大礼。所有这些都为移风易俗作出了巨大贡献，是功不可没的。

这些改革措施代表了新兴资产阶级的利益，为封建顽固势力

所不容。慈禧太后为代表的守旧派发动政变，使变法仅维持一百多天便夭折了。

戊戌维新运动失败后，光绪皇帝被慈禧太后软禁，一直到死，长达十年之久。

这样，清朝最后一次复兴希望也破灭了。

### （九）庚子赔款

1900 年在干支上是庚子年。

在这一年里，中国发生了两件大事：一是义和团运动蓬勃兴起，二是八国联军侵入北京。

义和团兴起于山东和河北交界地区，是在义和拳等民间反清秘密结社的基础上发展起来的反帝爱国群众组织。义和团成员有农民、手工业者和其他劳动群众，还有一些无业游民。当时，在山东一带，西洋教会的势力十分猖獗，欺压百姓，残害儿童，劳苦大众的反洋教斗争因而异常激烈。

甲午战争后，在帝国主义军事统治力量相对薄弱的鲁西北地区，群众经过长期酝酿，奋起抗教，成了义和团反帝爱国运动的主要发源地。与此同时，河北人民也不断反抗教会的欺压，参加斗争的群众越来越多，直鲁交界地区和河北南部很快也出现了义和团，不断攻打教堂。义和团提出了许多反帝口号，如"扶保中华，逐去外洋""扶清灭洋，替天行道""兴清灭教"和"洋人可灭"等。

1900 年，义和团焚烧丰台火车站的消息与京津铁路轨道被拆毁的谣言传到了北京外国公使居住的东交民巷。各国公使闻讯，认为形势紧急，立即举行会议。会上，各国公使一致同意调军队前来保护使馆。次日，驶抵大沽口外的外国舰队先后接到进京的电报，立即由海河乘船抵达天津，准备向北京进犯。七月二十日，八国联军侵入北京，开始洗劫北京城。

这时，挟持光绪皇帝逃到西安的慈禧太后竟下令清军铲除义和团，并不顾羞耻，请八国联军帮助剿匪。1901 年，英国、俄国、德国、美国、日本等 11 国强迫清廷签定《辛丑条约》，将清廷置于列强控制之下。从此，中国沦为半殖

天干与地支

民地半封建社会。

《辛丑条约》规定，中国从海关关税中拿出四亿五千万两白银赔偿各国，并以各国货币汇率结算，按 4% 的年息，分 39 年还清。这笔钱史称"庚子赔款"，西方人称为"拳乱赔款"。

五年后，美国伊里诺大学校长詹姆士给罗斯福的一份备忘录中说："哪一个国家能够教育这一代中国青年人，哪一个国家就能由于这方面所支付的努力，而在精神和商业上取回最大的收获。"

1908 年 5 月 25 日，美国国会通过罗斯福的谘文。同年 7 月 11 日，美国驻华公使柔克义向中国政府正式声明，将美国所得"庚子赔款"的半数退还给中国，作为资助留美学生之用。

1908 年 10 月 28 日，中美两国草拟了派遣留美学生规程：自退款的第一年起，清政府在最初的 4 年内，每年至少应派留美学生 100 人。如果到第 4 年就派足了 400 人，则自第 5 年起，每年至少要派 50 人赴美，直到退款用完为止。被派遣的学生必须是"身体强壮，性情纯正，相貌完全，身家清白，恰当年龄"，中文程度须能作文及有文学和历史知识，英文程度能直接入美国大学和专门学校听讲，并规定留学生应有 80% 学农业、机械工程、矿业、物理、化学、铁路工程、银行等，其余 20% 学法律、政治、财经、师范等。

同时，中美双方还商定，在北京由清政府外务部负责建立一所留美训练学校。于是，清廷于 1909 年 6 月在北京设立了游美学务处，这就是清华大学的雏形。1909 年 8 月，清廷内务府将皇室赐园清华园拨给学务处，作为游美肄业馆的馆址，学务处在史家胡同招考了第一批学生，从 630 名考生中录取了 47 人，于 10 月份赴美。

这就是利用庚子赔款派学生留美的由来。

1910 年 8 月，学务处又举行了第二次招考。400 多人应考，最后录取了 70 人。在这第二批留美学生中，有大名鼎鼎的胡适，还有语言学家赵元任、气象学家竺可桢等。

美国的退款产生了极大的国际影响。第一次世界大战爆发后，北京政府于 1917 年 8 月对德奥宣战，并停付赔款。大战结束后，各国都表示愿与中国友好，以便用和平的办法维护和扩张其在华利益。他们纷纷紧步美国的后尘，陆续放弃或退回了庚子赔款。

这笔退款被广泛地应用到中国的教育文化事业和实业中，只有日本分文不退，利用这笔钱大力发展军事工业，为侵略做准备。

# 四、有关干支的故事

## （一）上巳节

西方有情人节，我们中国早就有自己的情人节了，这就是距今已有数千年历史的上巳节。

我们的祖先用天干地支纪日，逢巳之日称巳日。农历三月第一个巳日谓之上巳，而这个日子就是我国古代的情人节。

上巳节起源于上古时期，是由人们对主管婚姻和生育的女神高禖的祭祀活动演变而成的。高禖又称郊禖，因供于郊外而得名。禖同"媒"，是主管男女婚配和生育的一位女神。

农历三月上巳日正是春暖花开、草木繁茂的日子，未婚男女于此日踏青，祭祀高禖女神。他们借此机会谈情说爱，互赠情物，私定终身。这天，未婚男女即使野合也不违法。

西周时，周王对上巳节的活动有了明确的规定：三月上巳之日，未婚男女都要到郊外河边去相会，自定终身。如果有人待在家中不去参加，要受到朝廷的处罚。失夫丧妻的孤男寡女也要去相会，再婚再配。西周时，上巳节的活动是在周天子指定的女性神职人员安排下进行的，鼓励男女自主择偶。这同国家鼓励生育，增加人口有关。

后来，随着历史的不断发展，上巳节的内容有了变化，成了男女老少人人参加的踏青春游节日，其中还增加了水滨饮酒、祓除不祥等内容。

## （二）甲子生和丙子生

宋高宗对饭菜很讲究，经常指责御厨手艺不好。有一天，宋高宗吃馄饨时发现没有煮熟，便大发雷霆，把做馄饨的厨师赶出皇宫，让他到大理寺当打杂的小工去了。

不久，宋高宗要看艺人表演。领班的艺人班头常出入皇宫，知道宋高宗处罚御厨的事，心里有些不平。他想为那个御厨说情，便在天干地支方面做起文章来，编了些戏剧情节教给两位演员。

宋高宗入场就座后，两位演员登台表演。他俩相互道好之后又互问年龄，一个说"甲子生"，一个说"丙子生"。这是说一个甲子年出生，一个丙子年出生。

这时，班头走近宋高宗身边说："这两个艺人也应该到大理寺去打杂。"

宋高宗不解其意，问道："为什么?"

班头回答说："他俩一个把甲子（这里指的是一种食品）做生了，一个把饼子（丙子）做生了，应该和把馄饨煮生的御厨同罪呀!"

宋高宗听他解释后明白了话中之意，大笑不止。看戏后，宋高宗赦免了那个没把馄饨煮熟的御厨，让他重新回到了御膳房。

## （三）子午谷

于谦是我国明代著名的文人，曾任兵部尚书。于谦从小勤奋好学，读书过目成诵，对句出口成章。

有一年清明节，于谦和家里长辈去祭扫祖坟。当他们路过一个叫凤凰台的地方时，他的叔父想考一考他，便出了一个上联要他对："今朝同上凤凰台。"

于谦略一思索，应声答道："他年独占麒麟阁。"此联一出，大人们惊喜万分。因为于谦不仅对得快，而且表现出崇高的志向，怎能不叫长辈高兴呢？

后来，他们又路过一个石牌坊，只见上面写着三个字："癸辛街"。于谦的叔父又对于谦说："这三个字的地名，倒有两个字属于干支的，要用一个地名来对，恐怕不易吧？"不料于谦回答说："易是不易，但也能对，可用《三国演义》中的'子午谷'三个字来对。这个地名也是三个字中有两个字是属于干支的。"在场的人听了都惊叹不已，都夸于谦才思敏捷，将来必成大器。

子午谷在陕西长安县南，是关中通往汉中的一条山中谷道，全长六百多里。

### （四）乙亥

王完虚是明朝万历三十二年（1604 年）进士，出任山东省邹平县县令。

有一天，他与邻县章丘县县令邂逅，相互攀谈起来。

章丘县县令问王完虚是哪年出生的，王完虚回答道："乙亥年。"

王完虚反问章丘县县令是哪年出生的，章丘县县令回答道："也是乙亥年出生的。"

原来两个人是同一年生的，王完虚便对章丘县县令说："我是邹平县的一害（乙亥），你老兄就是章丘县的一害（乙亥）啊！"

原来，"乙亥"和"一害"两字谐音，王完虚就此开了个玩笑。

章丘县县令一听此言，不由得哈哈大笑起来。

### （五）甲乙号

清朝康熙二十五年 1686 年前后，安徽桐城程氏兄弟俩经营一家鞋店。为了让生意兴隆起来，兄弟俩屡请文人墨客为他们的鞋店题写店名，但对这些人所题的店名都不满意。

有一天，桐城派文学大师方苞路过程氏鞋店，兄弟俩对其久慕大名，特地请方苞给他们的鞋店命名。方苞沉吟片刻，提笔一挥而就，留下

"甲乙号"三个大字。

方苞走后，程氏兄弟百思不得其解，不知"甲乙号"为何意。

过了一些天，大才子戴名世经过程氏鞋店，兄弟俩急忙出迎，求其解释店名的含义。戴氏微笑道："你们二位莫不是鞋匠?"兄弟俩听后颇为惊奇，心想："店号与做鞋有什么关系?"便顺势问道："这'甲乙号'与做鞋有关吗?"戴名世解释道："甲的形状像锥子，乙的形状像刀子。这二者不正是鞋匠必不可少的工具吗?"兄弟俩听后茅塞顿开，连声称赞道："妙，实在是妙!"从此，方苞题字、戴名世释名及"甲乙号"的店名便流传开来，鞋店的生意也越来越兴隆了。

### （六） "花甲重开"和"古稀双庆"

刘墉曾任乾隆皇帝的宰相，民间亲切地称他"刘罗锅"。由于他聪明过人，幽默风趣，深受乾隆皇帝的喜爱。跟纪晓岚一样，他也常常与乾隆皇帝一起吟诗作联，君臣共乐。

刘墉初进朝廷时，乾隆皇帝见其貌不扬，甚是不悦。但是作为一朝天子，又不想落个以貌取人的名声，便出了个上联要刘墉对："十口心思，思家思民思社稷。"此联为析字联，第一句中的前三字组合成一个"思"字，后一句又将思字反复运用三次，是个绝妙的上联。刘墉才思敏捷，立即对出下联："寸身言谢，谢天谢地谢君主。"此联更妙，除了对仗工整，还隐含了自己是"寸身"的一介书生，能受皇帝重用，感谢之情表白得十分得体。乾隆皇帝听了下联，连连点头，但他仍想难为刘墉，便又出了一联："只可叹，弯木难当顶梁柱。"刘罗锅不卑不亢，立即对出下联："甚为喜，屈弓才可射天狼。"听到"天狼"二字，乾隆皇帝略显不快，急问"如何射"。刘墉胸有成竹，从容回答道："割除朝廷弊政，查处天下贪官，拯救世上贫民，即为射天狼。"乾隆听罢颇为满意。

有一次，乾隆皇帝到杭州西湖游览时，在灵隐寺见到一位已经一百四十一岁的长寿老人。那天正是他的生辰，乾隆皇帝想给他写一副对联。但是，他又想考一考刘墉的才能，于是，他只写出了上联："花甲重开，外加三七岁月。"这个上联暗含老人的寿数。花甲指的是六十岁，因为民间用干支纪年法，一甲子就是六十年。花甲重开，指的是两个花甲，即一百二十岁，再加上三七二十一岁，就是一百四十一岁。乾隆皇帝写完上联后，要刘墉对下联。刘墉想了想，便对出了下联："古稀双庆，内多一个春秋。"下联也暗含老人的寿数。古稀指的是七十岁，因为杜甫有诗云："人生七十古来稀。"古稀双庆就是一百四十岁，再加上一岁，正是一百四十一岁。

## （七）马克思的"马"

马寅初是中国当代经济学家、教育学家、人口学家。新中国成立后，他曾担任中央财经委员会副主任、华东军政委员会副主任、北京大学校长等职。他一生专著颇丰，特别对中国的经济、教育、人口等方面有很大的贡献。

马寅初生于1882年，按干支历法，马寅初生于马年马月马日马时，加上姓马，乡间盛传他集五马于一身。原来，他的生辰八字排出的四柱，每柱都有午。

马寅初发表"新人口论"方面的学说后，一些人诬蔑他是资产阶级人口学家马尔萨斯的追随者，称他是"中国的马尔萨斯"。这样一来，人们都说马老又多了一个"马"，成了"集六马于一身"的人。

马老听了这话，风趣地说："我这匹'马'啊，是马克思的'马'！"

## （八）壬戌之秋

我国著名的数学家苏步青精通甲子，张口就来。他有个学生研究古典文学，出了好几本研究苏东坡的文集。一天，学生把这些文集送给苏老，苏老翻看之后，发现有关《赤壁赋》的研究文章说《赤壁赋》撰于1080年。苏老说："苏东坡生于1037年，活了64岁。《赤壁赋》开头说'壬戌之秋，七月既望'，壬戌年应该是1082年啊！"

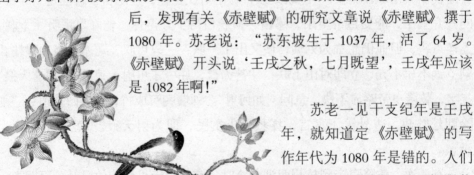

苏老一见干支纪年是壬戌年，就知道定《赤壁赋》的写作年代为1080年是错的。人们听说后都很吃惊，无不佩服苏老博学多才。

# 五、干支的用途

## （一）干支纪日

在原始社会时期，人们以生产为主，常会遇到计算日期的事，主要是结绳计时和刻木计时。

例如：两人商定十天后一同去打猎，双方各持一根绳子，分别打上十个结，每过一天打开一个结。待全部解开了，双方约定的打猎日期就到了。

刻木计时是在一根竹片刻上十个道，由双方将其从中间纵向割为两半，每人各执一半，每过一天削去一个道，待刻的道全削完了，双方相约的日期也就到了。

结绳计时和刻木计时既烦琐又容易出错，人们渐渐想出了用符号计时的方法，最早出现的计日符号就是天干，接下来就是天干和地支并用。

根据文献的记载和对甲骨文的研究，可知我们祖先最早是用天干纪日的。

三代以前择日都用干，如《礼记》说："郊日用辛，社日用甲。"《诗经·小雅·吉日》说："吉日维戊。"上面引文中的辛、甲、戊都是天干所指的日期。

用地支纪日出现得晚一些，应用次数也少一些。《礼记·檀弓》中有"子卯不乐"的话，意思是每逢子日和卯日不得奏乐。

第三种是用天干和地支组合成的 60 组复合名称纪日，60 日一循环。这种纪日法出现得很早，是远古时期我们祖先纪日的主要方法。

出土的甲骨卜辞中有大量干支纪日，最早的一片是商朝武丁时期的，上面刻有"乙酉夕月有食"六个字，意思是在乙酉这天的黄昏时分发生了月食。经专家推算，这片甲骨距今已经三千多年了。

河南省安阳市附近出土的一片甲骨上面刻有完整的甲子表，是由天干地支组成的 60 组复合名称，是殷商时期用来纪日的。

春秋战国时期，应用干支复合名称纪日已经很普遍了。干支纪日法确知从

天干与地支

春秋时期鲁隐公三年（公元前720年）二月己巳日起，到清末止，两千多年从未间断和错乱过。这是迄今所知的世界上最长的纪日，对于核查史实所发生的准确时间有重要价值。

现今，在一般日历中已经不用干支纪日了，但在确定"属伏"时仍然要用，规定夏至后第三个庚日开始属伏。

### （二）干支用于纪月

干支纪月是指在农历中用干支记录一年之中的月序。一般只用地支纪月，每月固定用十二地支表示。把冬至所在之月称为"子月"（夏历十一月），下一个月称为"丑月"（夏历十二月），以此类推。古历中的《夏历》以"寅月"为正月，又称建寅之月或建寅正月等。

干支纪月时，不是农历某月初一至月底，而是取决于节气，见下表：

寅月 立春—惊蛰 中经雨水 农历为正月 阳历为2月 含丙寅月 戊寅月 庚寅月 壬寅月 甲寅月；

卯月 惊蛰—清明 中经春分 农历为二月 阳历为3月 含丁卯月 己卯月 辛卯月 癸卯月 乙卯月；

辰月 清明—立夏 中经谷雨 农历为三月 阳历为4月 含戊辰月 庚辰月 壬辰月 甲辰月 丙辰月；

巳月 立夏—芒种 中经小满 农历为四月 阳历为5月 含己巳月 辛巳月 癸巳月 乙巳月 丁巳月；

午月 芒种—小暑 中经夏至 农历为五月 阳历为6月 含庚午月 壬午月 甲午月 丙午月 戊午月；

未月 小暑—立秋 中经大暑 农历为六月 阳历为7月 含辛未月 癸未月 乙未月 丁未月 己未月；

申月 立秋—白露 中经处暑 农历为七月 阳历为8月 含壬申月 甲申月 丙申月 戊申月 庚申月；

酉月　白露—寒露　中经秋分　农历为八月　阳历为 9 月　含癸酉月乙酉月　丁酉月　己酉月　辛酉月；

戌月　寒露—立冬　中经霜降　农历为九月　阳历为 10 月　含甲戌月　丙戌月　戊戌月　庚戌月　壬戌月；

亥月　立冬—大雪　中经小雪　农历为十月　阳历为 11 月　含乙亥月　丁亥月　己亥月　辛亥月　癸亥月；

子月　大雪—小寒　中经冬至　农历为十一月　阳历为 12 月　含丙子月戊子月　庚子月　壬子月　甲子月；

丑月　小寒—立春　中经大寒　农历为十二月　阳历为 1 月　含丁丑月己丑月　辛丑月　癸丑月　乙丑月。

自商代历法开始，将每年的第一个月的地支定为寅，称为"正月建寅"，以后各月按地支顺序类推。正月天干的计算方法为：若遇甲或己的年份，正月是丙寅；遇上乙或庚之年，正月为戊寅；遇上丙或辛之年，正月为庚寅；遇上丁或壬之年，正月为壬寅；遇上戊或癸之年，正月为甲寅。依照正月之干支，其余月份按干支推算即可。

例如：2006 年为丙戌年，其正月为庚寅，二月为辛卯，三月为壬辰，余类推。

一年二十四个节气里，立春、惊蛰、清明、立夏、芒种、小暑、立秋、白露、寒露、立冬、大雪、小寒是十二节气，而雨水、春分、谷雨、小满、夏至、大暑、处暑、秋分、霜降、小雪、冬至、大寒是十二中气。

## （三）干支用于纪年

古代最早的纪年法是按照王或公即位的年次纪年，例如公元前 770 年是周平王元年、秦襄公八年等。汉武帝时开始用年号纪元，例如建元元年、元光元年等，更换年号就重新纪元。这两种纪年法是古代学者所用的传统纪年法。战国时代，占星家还根据天象纪年，有所谓岁星纪年法、太岁纪年法。后来，才出现了干支纪年法。

考古发现，在商朝后期帝王帝乙时的一块甲骨上，刻有完整的六十甲子，可能是当时的日历，说明在商朝时已经开始使用干支纪日了。根据考证，春秋时期鲁隐公三年二月己巳日（公元前720年二月初十），曾发生一次日食。这是中国使用干支纪日的确切的证据。

中国古代很早就认识到木星约12年运行一周天。人们把周天分为12分，称为12次，木星每年行经一次，就用木星所在星次来纪年。因此，木星被称为岁星，这种纪年法被称为岁星纪年法。此法在春秋、战国之交很盛行。因为当时诸侯割据，各国都用本国年号纪年，岁星纪年可以避免混乱和便于人民交往。《左传》《国语》中所载"岁在星纪""岁在析木"等大量记录，就是用的岁星纪年法。

十二次　星纪　玄枵　娵訾　降娄大梁　实沈　鹑首　鹑火　鹑尾　寿星　大火　析木

十二辰　丑　子　亥　戌　酉　申　未　午　巳　辰　卯　寅

上面所列的是《尔雅·释天》所载的通用写法。

事实上岁星并不是12年绕天一周，而是11.8622年，每年移动的范围比一个星次稍微多一点，积至86年便会多走一个星次，这种情况叫"超辰"。

为了弥补这一缺陷，我们的祖先又想出了太岁纪年法。

太岁纪年法是根据假想的太岁星的运行规律来纪年的方法。由于十二地支的顺序为当时人们所熟知，因此设想有个天体运行速度也是12年一周天，但运行方向是循十二辰的方向。这个假想的天体称为太岁，意思是比岁星还要高大。天文家还让这个假想的太岁自东向西运行，也就是与岁星相对而行，和太阳的运行方向相一致。太岁纪年法也是把周天划分为12个距离相等的时段，称之为十二星次。为了和前面所说十二星次有所区别，就用十二地支依序命名，称子年、丑年、寅年、卯年……

干支纪年通行于东汉后期。汉章帝元和二年（85年），朝廷下令在全国推行干支纪年。天干经六个循环，地支经五个循环正好是六十，就叫做六十干支。按照这样的顺序每年用一对干支表示，六十年一循环，叫做六十花甲子。如1894年是甲午年，2011 年是辛卯年，2044 年是甲子年。这种纪年方法就叫做干支纪年法，一直沿用到今天，还将继续用下去。

用干支纪年，必须先将天干地支组合起来，方法如下：

第一轮的组合是从天干的"甲"和地支的"子"开始的。依序组合成甲子、乙丑、丙寅、丁卯、戊辰、己巳、庚午、辛未、壬申、癸酉。组合后地支还剩下戌、亥二字。天干的第二轮组合就从甲戌开始，依序组合，至癸未止。第二轮组合后，地支剩下了申、酉、戌、亥四字。天干第三轮组合就从甲申开始，至癸巳止。第三轮组合后，地支剩下午、未、申、酉、戌、亥六字。天干第四轮组合就从甲午开始，至癸卯止。第四轮组合一，地支剩下了辰、巳、午、未、申、酉、戌、亥八字。天干第五轮组合就从甲辰开始，至癸丑止。第五轮组合后，地支剩下了"子丑"之后的十个字。天干的第六轮组合就从"子丑"之后的寅开始，组成甲寅，至癸亥止。天干经过了六轮的组合，地支经过了五轮的组合，共组合成 60 组不同的名称：

1. 甲子　2.乙丑　3.丙寅　4.丁卯　5.戊辰　6.己巳　7.庚午　8.辛未　9.壬申　10.癸酉　11.甲戌　12.乙亥　13.丙子　14.丁丑　15.戊寅　16.己卯　17.庚辰　18.辛巳　19.壬午　20.癸未　21.甲申　22.乙酉　23.丙戌　24.丁亥　25.戊子　26.己丑　27.庚寅　28.辛卯　29.壬辰　30.癸巳　31.甲午　32.乙未　33.丙申　34.丁酉　35.戊戌　36.己亥　37.庚子　38.辛丑　39.壬寅　40.癸卯　41.甲辰　42.乙巳　43.丙午　44.丁未　45.戊申　46.己酉　47.庚戌　48.辛亥　49.壬子　50.癸丑　51.甲寅　52.乙卯　53.丙辰　54.丁巳　55.戊午　56.己未　57.庚申　58.辛酉　59.壬戌　60.癸亥

有了上面的组合，就可以用来纪年了。

## （四）干支用于中医的五运六气

五运六气简称运气，不是我们常说的运气，而是和中医有关的术语。

运指木、火、土、金、水五个阶段的相互推移；气指风、火、热、湿、燥、寒六种气候的转变。古代中医名家据甲、乙、丙、丁、戊、己、庚、辛、壬、癸十天干定运，据子、丑、寅、卯、辰、巳、午、未、申、酉、戌、亥十二地支定气，结合五行生克理论，推断每年气候变化与疾病的关系，总结出天干地支与五运六气的关系：

一（天干配五行）

甲乙为木

丙丁为火

戊己为土

庚辛为金

壬癸为水

二（地支配五行）

亥子为水

寅卯为木

巳午为火

申酉为金

辰戌丑未为土

三（天干化五运）（中运）

甲己为土运

乙庚为金运

丙辛为水运

丁壬为木运

戊癸为火运

其中单数（甲、丙、戊、庚、壬）为中运太过之年

双数（乙、丁、己、辛、癸）为中运不及之年

四（地支化六气）（司天之气）

子午－少阴君火司天　阳明燥金在泉

丑未－太阴湿土司天　太阳寒水

在泉

寅申—少阳相火司天　厥阴风木在泉

卯酉—阳明燥金司天　少阴君火在泉

辰戌—太阳寒水司天　太阴湿土在泉

巳亥—厥阴风木司天　少阳相火在泉

干支纪年在黄帝内经中就有了运和气（中运与司天之气）的意义。每年干支的不同组合，就有不同的中运与司天之气的组合，不同的气候容易引发不同的病症。

运气学说是中国古代研究气候变化与人体健康和疾病关系的学说，在中医学中占有比较重要的地位。运气学说的基本内容是在中医整体观念的指导下，以阴阳五行学说为基础，运用天干地支等符号作为演绎工具，来推论气候变化规律及其对人体健康和疾病的影响的。

人与自然界是一个动态变化着的整体，中医学认为一年四季的气候变化经历着春温、夏热、秋凉、冬寒的规律，它对人体的脏腑、经络、气血、阴阳均有一定的影响。

运气对人体疾病发生的影响主要包括六气的病因作用、疾病的季节倾向、不同地区气候及天气变化对疾病的影响等。

从发病的规律看，由于五运变化，六气变化，运气相合的变化，各有不同的气候，所以对人体发病的影响也不尽相同。

每年气候变化的一般规律是春风、夏热、长夏湿、秋燥、冬寒。这种变化与发病的关系是春季肝病较多，夏季心病较多，长夏脾病较多，秋季肺病较多，冬季肾病较多。从五运来说，木为初运，相当于每年的春季。由于木在天为风，在脏为肝，故每年春季气候变化以风气变化较大，在人体以肝气变化为主，肝病较多为其特点。

火为二运，相当于每年的夏季，由于火在天为热，在脏为心，故每年夏季在气候变化以火热变化较大，在人体以心气变化为主，心病较多为其特点。

土为三运，相当于每年夏秋之季，由于土在天为湿，在脏为脾，故每年夏秋之间，在气候变化上雨水较多，湿气较重，在人体以脾气变化为主，脾病较多为其特点。

金为四运，相当于每年的秋季，由于金在天为燥，在脏为肺，故每年秋季气候变化以燥气变化较大，在人体以肺气变化为主，肺病较多为其特点。

水为五运，相当于每年的冬季，由于水在天为寒，在脏为肾，故每年冬季气候比较寒冷，在人体以肾气变化为主，肾病、关节疾病较多为其特点。

运气所形成的正常气候是人类赖以生存的必备条件，人体各组织器官的生命活动一时一刻也不能脱离自然条件。人们只有顺应自然的变化，及时地作出适应性的调节，才能保持健康。

### （五）干支用于针灸的子午流注

中医主张天人合一，认为人是大自然的组成部分，人的生活习惯应该符合自然规律。

子午流注是针灸于辩证循经外，按时取穴的一种操作方法。它的含义是说人身气血周流出入皆有定时，血气应时而至为盛，血气过时而去为衰，逢时而开，过时则阖。泄则乘其盛，补者随其去，按照这个原则取穴，可取得更好的疗效，称子午流注法。根据脏腑在 12 个时辰中的兴衰取穴，十分有序。

子时（23 点 –1 点），胆经最旺。胆汁需要新陈代谢，人在子时入眠，胆方能完成代谢。凡在子时前入睡者，晨醒后头脑清醒，气色红润。反之，日久子时不入睡者面色青白，易生肝炎、胆囊炎、结石之类的病，这个时辰养肝最好。

丑时（1 点 –3 点），肝经最旺。肝藏血，人的思维和行动要靠肝血的支持，废旧的血液需要淘汰，新鲜血液需要产生，这种代谢通常在肝经最旺的丑时完成。如果丑时不入睡，肝还在输出能量支持人的思维和行动，就无法完成新陈代谢。黄帝内经说卧则血归于肝，因此丑时未入睡者面色青灰，易生肝病，这个时辰保肝最好。

寅时（3 点 –5 点），肺经最旺。肝在丑时把血液推陈出新之后，将新鲜血液提供给肺，通过肺送往全身。因此人在清晨面色红润，精神充沛。寅时，有肺病的人反映强烈，剧咳、哮喘或发烧，这个时辰养肺最好。

卯时（5 点 –7 点），大肠经最旺。肺将充足的新鲜血液布满全身，紧接着促进大肠经进入兴奋状态，完成吸收食物中的水分和营养、排出糟粕的过程。因此，大便不正常者在此时需要辨证调理。

辰时（7点-9点），胃经最旺，人在7点吃早饭最容易消化。胃火过盛时嘴唇发干，重则唇裂或生疮，要在7点清胃火；胃寒者要在7点养胃健脾。

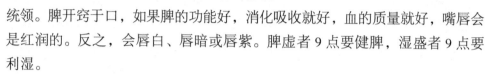

巳时（9点-11点），脾经最旺。脾是消化、吸收、排泄的总调度，又是人体血液的统领。脾开窍于口，如果脾的功能好，消化吸收就好，血的质量就好，嘴唇会是红润的。反之，会唇白、唇暗或唇紫。脾虚者9点要健脾，湿盛者9点要利湿。

午时（11点-13点），心经最旺。心推动血液运行，养神、养气、养筋。人在午时要睡片刻，对养心大有好处，可使下午乃至晚上精力充沛。心率过缓者11点要补心阳，心率过速者要滋心阴。

未时（13点-15点），小肠经最旺。小肠把水送进膀胱，糟粕送进大肠，精华输送进脾。小肠经在未时对人一天的营养进行调整。饭后两肋胀痛者在此时要降肝火，疏肝理气。

申时（15点-17点），膀胱经最旺。膀胱贮藏水液和津液，水液排出体外，津液循环在体内。若膀胱有热可致膀胱咳，即咳时遗尿。申时人的体温较热，阴虚的人尤为突出，在申时滋肾阴可治此症。

酉时（17点-19点），肾经最旺。经过申时的人体泻火排毒，肾在酉时进入贮藏精华的时辰，肾阳虚的人酉时补肾阳最有效。

戌时（19点-21点），心包经最旺。心包是心的保护组织，又是气血通道。心包戌时兴旺可清除心脏周围病气，使心脏处于完好状态。心发冷的人戌时要补肾阳；心闷热的人戌时要滋心阴。

亥时（21点-23点），三焦经最旺。三焦是六腑中最大的腑，有主持诸气、疏通水道的作用。亥时三焦通百脉，如果在亥时睡眠，百脉可以得到休养，对身体十分有益。亥时百脉皆通，可以用任何一种方法进行调理。

### （六）干支用于中医的疾病预测

天干的运行周期为十，以十个时辰、十天、十个月以及十年为一个个不同时段的周期，并不断有序地反复循环，形成稳定的周期律。地支的运行周期为十二，以十二个时辰、十二天、十二个月以及十二年为一个个不同时段的周期，并不断有序地反复循环，形成稳定的周期律。天干地支的配合，制造出一个以六十个时辰、六十天、六十个月以及六十年为一周的运行周期，并不断有序地反复循环，形成稳定的周期律。

天干周期和地支周期明确地告诉人们，在我们生活的空间内，在天上存在着一个以十进制为一个循环周期的规范化与标准化的自然运动程序，在地上存在着一个以十二进制为一个循环周期的规范化与标准化的自然运动程序，它们都是出自于大自然的创作，是不可人为更改的自然规律。

在实践中，天干地支不仅仅被用于纪时，在漫长的历史长河中，它还被中华民族广泛地应用于预测之中，据《黄帝内经》的记载，在远古时代，中医就运用天干来预测疾病的发展趋势，比如说肝病甚于庚辛，愈于丙丁；肺病甚于丙丁，愈于壬癸；脾病甚于甲乙，愈于庚辛；心病甚于壬癸，愈于戊己；肾病甚于戊己，愈于甲乙等。

天干地支具有的预测功能，经过中国人长期的运用，被证明有非常高的准确度，这让人们完全有理由相信，天干地支是超越现代科学的先进知识。

古代人们创造天干地支，其原意既不是用来记载时间，也不是用来记载什么神奇的秘密，它的真正作用，是用来记载天上与地上风、寒、湿、燥、火这五行之气的运动变化情况，准确忠实地记载天上和地上五行之气运行的盛衰状态和规律特点，这才是天干地支隐藏的最大秘密。

在甲、乙、丙、丁、戊、己、庚、辛、壬、癸十天干的五行性质特色中，显示出甲乙携带着风气，丙丁携带着火气，戊己携带着湿气，庚辛携带着燥气，壬癸携带着寒气，它表明天上的五行之气在按部就班地遵照五行相生的程序运行变化。

在子、丑、寅、卯、辰、巳、午、未、申、酉、戌、亥十二地支的五行性质特色中，显示出寅卯携带着风气，巳午携带火气，申酉携带燥气，亥子携带寒气，辰戌丑未携带湿气，以一种独特的程序运行，表明地上五行之气有着另外的一种既遵循五行相生规律，

但又不完全遵循五行相生规律运行的模式。

六十甲子的原本意义也不是用来记载时间的，而是用来记载在特定时间内天上五行之气的状态与地上五行之气状态的。比如六十年的天干地支，它记载的是每一年当中，主宰天上的五行之气的性质是什么，地上五行之气的性质是什么。如甲子年，它要表明的是，在当年之中，天上以逐渐增强的风气为统管的主宰，地上也以逐渐增强的寒气为统管的主宰。如亥癸年，它要表明的是，在当年之中，天上以逐渐衰弱的寒气为统管的主宰，地上也以逐渐衰弱的寒气为统管的主宰。同样，每月，每天，每时的干支，也是记载着当时的天气性质和地气性质，为什么古代人要不厌其烦地记载下天地五行之气的运行规律呢？原因是天地的五行之气不但对地球气候环境的变化有重大的影响力，而且对地球上一切生命体的生存和发展都有重大的影响力。因此，只要把握天地五行之气的运行状态，一方面可以用来分析未来环境气候的变化趋势，另一方面可以用来预测环境对生命体的影响趋势，能够预测未来的环境趋势，这对人类的生活有着重要的现实意义，即使在现代社会，对未来环境状态变化趋势的预测，仍然有十分重要的意义，只不过是现在的预测手段比过去更加先进更加科学而已。

## （七）干支用于气功

气功在我国源远流长，是我们祖先在长期的生活和劳动中，在与疾病和衰老的斗争中创造的一种独特的养生方法。它不但可以预防和治疗很多疾病，同时还可以强身益寿。

气功重视练功的时间性，认为子、卯、午、酉四个时辰练功最好。子时相当于夜半时分，是阴消阳生的交替时间；卯时相当于清晨，是半阳半阴时分；午时相当于中午前后，是阳消阴生的交替时间；酉时相当于黄昏，是半阴半阳时分。在这四个时段里最好的是子时，也有人认为卯时是练功的黄金时间。

就一年来说，冬至、春分、夏至、秋分颇似一天中的子、卯、午、酉，如能抓住这四个节气练功，可以收到更好的效果。

天干与地支

气功还强调练功的方向性。强调春天面向东，夏天面向南，秋天面向西，冬天面向北。

气功讲究"服气法"，强调要根据不同季节选择不同的最佳日期。《中国传统气功学》里说："春以六丙之日……夏以六戊之日……秋以六壬之日……冬以六甲之日……"六丙指的是干支对应组合表中的丙寅、丙子、丙戌、丙申、丙午、丙辰，余类推。

天干分阴阳：甲、丙、戊、庚、壬属于阳干，属于阳，说明它们都有增长、旺盛、强壮的阳性质；乙、丁、己、辛、癸属于阴干，属于阴，说明它们都有消减、衰落、萎缩的阴性质。

天干分五行：甲乙同属于木，甲为阳木，乙为阴木；丙丁同属于火，丙为阳火，丁为阴火；戊己同属于土，戊为阳土，己为阴土；庚辛同属于金，庚为阳金，辛为阴金；壬癸同属于水，壬为阳水，癸为阴水。

地支分阴阳：子、寅、辰、午、申、戌同属于阳，分属于阳，说明它们具有增长、旺盛、强壮的阳性质；丑、卯、巳、未、酉、亥同属于阴，分属于阴，说明它们具有消减、衰落、萎缩的阴性质。

地支分五行：寅卯同属于木，寅为阳木，卯为阴木；巳午同属于火，午为阳火，巳为阴火；申酉同属于金，申为阳金，酉为阴金；子亥同属于水，子为阳水，亥为阴水；辰戌丑未同属于土，辰戌为阳土，丑未为阴土。

干支相配的方法，是以阳干配阳支，阴干配阴支，从甲子开始，到癸亥为止，共合为六十，之后再从甲子开始循环。

古人练习气功讲究选择不同季节的阳干之日，以期收到更好的效果。

### （八）干支用于斗建

斗指北斗星，斗建是根据北斗星的转动规律所确立的纪月准则，又名月建。

北斗星由七颗星组成，因七星形似古代舀酒的斗，故名北斗星。北斗星环绕北极星运行，每年绕行一周，

北斗星斗柄所指的方向会随着季节的不同而不同。在中国古代，我们的祖先发现在不同季节的黄昏时，北斗星的斗柄指向是不同的。因

此，把斗柄的指向作为定季节的标准。《鹖冠子》说："斗柄东指，天下皆春；斗柄南指，天下皆夏；斗柄西指，天下皆秋；斗柄北指，天下皆冬。"

春秋战国时期，天文学有了进一步的发展，为使斗柄指示的方向与月份对应，古人将北斗星绕行的区域分为十二等分，并以十二地支命名，分别以十二地支表示十二个月。

了解以地支命名的月建对阅读先秦时期的古籍是有帮助的。

春秋时期，周王室衰落，各地诸侯割据一方，有的还制订了自己的历法，其中较为重要的有夏历、殷历、周历、颛顼历等。这些历法的主要不同之处是岁首月不同：周历以建子之月为岁首，殷历以建丑之月为岁首，夏历以建寅之月为岁首，颛顼历以建亥之月为岁首。这样，周历的正月为子月；殷历的正月为丑月，相当于周历的二月；夏历的正月为寅月，相当于周历的三月和殷历的二月。

《春秋·隐公六年》说："冬，宋人取长葛。"而解释《春秋》的《左传》则说："秋，宋人取长葛。"两者记述表面上看，差了一个季节，实际上没有错，只是因为所用的历法不同。

## （九）干支用于星野

星野指天上星宿与地上对应的区域。古代天文学家将此二者联系在一起，用以阐释不同星宿的星象变化对不同区域的感应情况。古人主张天人合一，天能用天象昭示人间的吉凶。人间有什么吉凶祸福，星象会有先兆。但天下这么大，天象出现之后，人们迫切想知道是主何地的吉凶，星野学说就是为了解决这一问题而产生的。

远在春秋时期就有了星野学说，距今已经有近三千年的历史了。《周礼·春官宗伯》所载的职官中，有叫保章氏的，即把天上不同的星宿与地上各州郡或

天干与地支

各诸侯封域一一对应起来。延及汉朝，司马迁《史记·天官书》对此也有说明。天官书以十二星次为准，将其与地上各州国一一对应起来，其中还将十二地支与十二星次相对照。十二地支指代的是不同的星宿，如子指齐或青州对就的星宿，丑指吴越或扬州对应的星宿。

### （十）干支用于二十八宿

我们的祖先为了认识星辰和观测天象，把天上的恒星分成二十八组，称为二十八宿。至迟于公元前 500 年左右，二十八宿的学说就创立了，可谓历史悠久。

1978 年，湖北省随州市公元前 433 年战国初年墓葬擂鼓墩 1 号墓出土的漆盒盖上有二十八宿的名称及与之对应的青龙、白虎图象。

在《礼记·月令》及《吕氏春秋》中，也有二十八宿的全称。

但是，那时人们只是用二十八宿作为观察日月五星视运动的标志。

到了唐代，二十八宿成了二十八个天区的主体。

在二十八宿中，东方七宿称苍龙，有角、亢、氐、房、心、尾、箕；北方七宿称玄武，有斗、牛（牵牛）、女（须女）、虚、危、室（营室）、壁（东壁）；西方七宿称白虎，有奎、娄、胃、昴、毕、觜、参；南方七宿称朱雀，有井（东井）、鬼（舆鬼）、柳、星（七星）、张、翼、轸。

经过长时期实践，人们对星野学说加以改进，改用以二十八宿为主的星野划分法，使分野分得更准确更细致，并以十二地支名称取代了原来难记的十二星次的名称。这样，十二地支和二十八宿便发生了相对应的关系。

### （十一）干支用于八卦

在《周易》卦形中，横直线代表阳，横断线代表阴。在六十四卦中，每一卦形都是由六条线组成的。在下面十二卦中，六条全是直线（乾）意味着阳性盈满，再接下去就是阳消阴长，由一条横断线增到五条横断线。若六条全是横断线就意味着阴性盈满，再接下去就是阴消阳长的过程。这十二卦有专称，在周易中称辟卦。

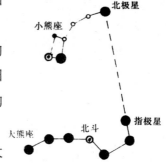

在十二辟卦中，乾卦是六条横直线，接下去的卦形依次是五阳一阴、四阳二阴、三阳三阴、二阳四阴、一阳五阴、六阴。再接下去就是阴消阳长的过程，直至又回到乾卦的六阳了。

在《周易》中，十二辟卦并不在一起，周易大师将它们摘录在一起编排成序，是为了用来说明阴阳消长的过程。十二辟卦正好和十二地支两两相对应，复卦一阳，是阳的始盛期，因此用子来对应它，因为子也是阳气初起。这样一对应，本来很复杂的阴阳消长过程就变得通俗易懂，为更多的人所接受了。久而久之，两者之间形成了固定的对应关系。

## （十二）干支用于四柱八字

四柱是指人出生的时间，即年、月、日、时，用天干和地支表示，如子丑年、丙申月、辛丑日、壬寅时等，共四项，故称四柱。每柱两字，四柱共八字，因此算命又称"测八字"。

一个人测八字时，首先要排好四柱，即找出一个人的生辰八字，要分四步进行：

1. 排年柱

年柱即人出生的年份，要用干支来表示。注意上一年和下一年的分界线是以立春这一天的交节时刻划分的，而不是以正月初一划分。

2. 排月柱

《起月表》可以帮助人们排月柱，如乙庚年三月生的，则其月柱为"庚辰"，见下表：

| 月 / 年 | 甲己 | 乙庚 | 丙辛 | 丁壬 | 戊癸 |
|---|---|---|---|---|---|
| 正月 | 丙寅 | 戊寅 | 庚寅 | 壬寅 | 甲寅 |
| 二月 | 丁卯 | 己卯 | 辛卯 | 癸卯 | 乙卯 |
| 三月 | 戊辰 | 庚辰 | 壬辰 | 甲辰 | 丙辰 |
| 四月 | 己巳 | 辛巳 | 癸巳 | 乙巳 | 丁巳 |

| 五月 | 庚午 | 壬午 | 甲午 | 丙午 | 戊午 |
| 六月 | 辛未 | 癸未 | 乙未 | 丁未 | 己未 |
| 七月 | 壬申 | 甲申 | 丙申 | 戊申 | 庚申 |
| 八月 | 癸酉 | 乙酉 | 丁酉 | 己酉 | 辛酉 |
| 九月 | 甲戌 | 丙戌 | 戊戌 | 庚戌 | 壬戌 |
| 十月 | 乙亥 | 丁亥 | 己亥 | 辛亥 | 癸亥 |
| 冬月 | 丙子 | 戊子 | 庚子 | 壬子 | 甲子 |
| 腊月 | 丁丑 | 己丑 | 辛丑 | 癸丑 | 乙丑 |

### 3. 排日柱

从鲁隐公三年二月己巳日至今，我国干支纪日从未间断，这是人类社会迄今所知的唯一最长的纪日法。

日柱，即用农历的干支代表人出生的那一天，干支纪日每六十天一循环，由于大小月及平闰年不同的缘故，日干支需查找《万年历》。

日与日的分界线以子时划分，即十一点前是上一天的亥时，过了十一点就是次日的子时了，千万不要认为午夜十二点是一天的分界点。

### 4. 排时柱

时柱即用干支表示人出生的时辰，一个时辰在农历记时中跨两个小时，故一天共十二个时辰。

子时:23 点 −1 点

丑时:1 点 −3 点

寅时:3 点 −5 点

卯时:5 点 −7 点

辰时:7 点 −9 点

巳时:9 点 −11 点

午时:11 点 −13 点

未时:13 点 −15 点

申时:15 点 −17 点

酉时:17 点 −19 点

戌时:19 点 −21 点

亥时:21 点 −23 点

中国古代天文历法

排时柱要运用下表，如一人是丙辛日寅时生的，则其时柱为"庚寅"：

| 时/日 | 甲己 | 乙庚 | 丙辛 | 丁壬 | 戊癸 |
|---|---|---|---|---|---|
| 子 | 甲子 | 丙子 | 戊子 | 庚子 | 壬子 |
| 丑 | 乙丑 | 丁丑 | 己丑 | 辛丑 | 癸丑 |
| 寅 | 丙寅 | 戊寅 | 庚寅 | 壬寅 | 甲寅 |
| 卯 | 丁卯 | 己卯 | 辛卯 | 癸卯 | 乙卯 |
| 辰 | 戊辰 | 庚辰 | 壬辰 | 甲辰 | 丙辰 |
| 巳 | 己巳 | 辛巳 | 癸巳 | 乙巳 | 丁巳 |
| 午 | 庚午 | 壬午 | 甲午 | 丙午 | 戊午 |
| 未 | 辛未 | 癸未 | 乙未 | 丁未 | 己未 |
| 申 | 壬申 | 甲申 | 丙申 | 戊申 | 庚申 |
| 酉 | 癸酉 | 乙酉 | 丁酉 | 己酉 | 辛酉 |
| 戌 | 甲戌 | 丙戌 | 戊戌 | 庚戌 | 壬戌 |
| 亥 | 乙亥 | 丁亥 | 己亥 | 辛亥 | 癸亥 |

排完四柱后，就可以测八字了。测八字前，还要了解下面的知识：

十天干的五行属性：

甲（阳性）乙（阴性）东方木；

丙（阳性）丁（阴性）南方火；

戊（阳性）己（阴性）中央土；

庚（阳性）辛（阴性）西方金；

壬（阳性）癸（阴性）北方水。

十二地支的五行属性：

亥子北方水；

寅卯东方木；

巳午南方火；

申酉西方金；

辰戌丑未中央土。

五行相生的规律：

木生火，火生土，土生金，金生水，水生木。

五行相克的规律：木克土，土克水，水克火，火克金，金克木。

五行／天干／地支对照表：

天干： 甲—木　乙—木　丙—火　丁—火　戊—土　己—土　庚—金 辛—金　壬—水　癸—水

地支： 子—水　丑—土　寅—木　卯—木　辰—土　巳—火　午—火 未—土　申—金　酉—金　戌—土　亥—水

然后根据一个人出生日子的第一个干支通过下表来查算时辰干支：

时辰干支查算表

时间时辰

五行纪日干支

| | | 甲己 | 乙庚 | 丙辛 | 丁壬 | 戊癸 |
|---|---|---|---|---|---|---|
| 23—01 | 子／水 | 甲子 | 丙子 | 戊子 | 庚子 | 壬子 |
| 01—03 | 丑／土 | 乙丑 | 丁丑 | 己丑 | 辛丑 | 癸丑 |
| 03—05 | 寅／木 | 丙寅 | 戊寅 | 庚寅 | 壬寅 | 甲寅 |
| 05—07 | 卯／木 | 丁卯 | 己卯 | 辛卯 | 癸卯 | 乙卯 |
| 07—09 | 辰／土 | 戊辰 | 庚辰 | 壬辰 | 甲辰 | 丙辰 |
| 09—11 | 巳／火 | 己巳 | 辛巳 | 癸巳 | 己巳 | 丁巳 |
| 11—13 | 午／火 | 庚午 | 壬午 | 甲午 | 丙午 | 戊午 |
| 13—15 | 未／土 | 辛未 | 癸未 | 乙未 | 丁未 | 己未 |
| 15—17 | 申／金 | 壬申 | 甲申 | 丙申 | 戊申 | 庚申 |
| 17—19 | 酉／金 | 癸酉 | 乙酉 | 丁酉 | 己酉 | 辛酉 |
| 19—21 | 戌／土 | 甲戌 | 丙戌 | 戊戌 | 庚戌 | 壬戌 |
| 21—23 | 亥／水 | 乙亥 | 丁亥 | 己亥 | 辛亥 | 癸亥 |

出生日期第一个干支表示属于何命，排出来的五行没有什么就是缺什么。

**（十三）干支用于书画落款**

干支纪年常用于中国国画的落款，

中国古代天文历法

如国画大师徐悲鸿的《奔马图》，画于1939年10月的题"己卯十月悲鸿"，画于1942年夏的题"壬午夏悲鸿"。

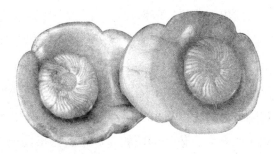

现在，书画作品仍大量使用干支纪年，如果直接使用公元纪年，就显得太直白了，会缺少书卷气，与书画的气氛不协调。

现在，人们的生活富裕了，好多老人有了精神文化方面的追求，爱上了书画。一些人在书画落款上动起了脑筋，如有人在落款处题上了"阏逢困敦"四个字，使作品显得古色古香，品位也更高了。"阏逢困敦"属于岁星纪年范畴，指甲子年。为了让人们了解这些落款的含义，或在使用时更加便捷，特列出下面的对应表。

戊午（著雍　敦牂）　　己未（屠维　协洽）　　庚申（上章　涒滩）

辛酉（重光　作噩）　　壬戌（玄黓　阉茂）　　癸亥（昭阳　大渊献）

在岁星纪年中，对甲、乙、丙、丁、戊、己、庚、辛、壬、癸十干给以相应的专名，依次为阏逢、旃蒙、柔兆、强圉、著雍、屠维、上章、重光、玄、昭阳。又对子、丑、寅、卯、辰、巳、午、未、申、酉、戌、亥十二支也给以相应的专名，依次为困敦、赤奋若、摄提格、单阏、执徐、大荒落、敦牂、协洽、涒滩、作噩、阉茂、大渊献。

这样，甲寅乎可累为阏逢摄提格，余类推。

# 浑天仪与地动仪

浑天仪是浑仪和浑象的总称。浑仪是测量天体球面坐标的一种仪器，而浑象是古代用来演示天象的仪表。它们是我国东汉天文学家张衡制造的。除了浑天仪外，张衡在世界科学史上另外不朽的创造发明就是地动仪，是世界上第一台测定地震以及其方位的仪器。

# 一、张衡其人

东汉建初三年（78年），张衡出生于南阳郡西鄂县（今河南南阳市卧龙区）。他从小就天资聪颖，勤奋好学。他的祖父曾做过蜀郡和渔阳的地方官，为官清廉，去世后家道中衰，到张衡童年时期，张家的日子已相当清苦了。但是艰难的生活环境并没有阻碍少年张衡的大志，在饱读所能得到的诗书后，94年，他决定外出游学，那年他才16岁。

张衡出游的第一站是长安，后来又到了东汉的都城洛阳。在洛阳这个全国的政治和学术中心，他到处拜师访友，虚心求教，结识了许多学问大家和志同道合的朋友，也读到了大量在家乡读不到的书籍。张衡不像别人那样，只为做官或提高身价而攻读"五经"，他对天文、星占、地理、气象、文学书籍无不兼观并览。

经过在外六年的游历求学后，张衡回到了家乡，南阳郡太守鲍德慕名邀请他担任了南阳郡主簿（文书）。一连九年，他辅佐鲍德治理南阳，推广铁制农具，兴修水利，兴学办教。永初二年（108年），张衡辞去职务，回到家中，专心钻研学问。这期间，张衡开始精读扬雄的《太玄经》。《太玄经》是一部研究宇宙现象的哲学著作，这部书启发了他向大自然中追求真理的欲望。张衡在精读《太玄经》以后，逐渐从文学创作转向哲学研究，对宇宙间自然现象和规律，例如天文、历法、数学等发生了浓厚兴趣。

书读得越来越多，学问做得也越来越好，张衡的名气也越来越大，成为当时公认的饱学之士。永初五年（111年），东汉政府下令各郡推荐一名有学问又能干的贤士到朝廷任职，张衡当然被选中。他入朝先做郎中，后来政府根据他的才能委派他担任太史令。太史令掌管天文、历法、气象、地震等工作。在此期间和以后的为官生涯中，他的科学研究达到了一生的巅峰，在天文理论、观测、仪器制造方面都取得了远远领先于同时期世界其他地区的卓越成就。

永和元年（136年），张衡被调出任河间地方官。他上任后，深入民间，惩办豪强奸徒，清理冤狱，使"郡内大治，称为政理"。由于当时政治日趋黑暗，虽然一方得治，依然是杯水车薪，所以61岁的张衡上书皇帝，请求辞官回乡，可皇帝不但不准，还把他调入京城任尚书，张衡终因忧劳成疾，于永和四年（139年）与世长辞，享年62岁。

浑天仪与地动仪

# 二、张衡的学术成就

张衡是东汉时最杰出的科学家，也是世界上最早的伟大天文学家之一，被世人尊称为"科圣"。

### （一）宇宙的起源

《灵宪》认为，宇宙最初是一派无形无色的阴的精气，幽清寂寞。这是一个很长的阶段，称为"溟涬"。这一阶段乃是道之根，从道根产生道干，气也有了颜色。但是，"浑沌不分"，看不出任何形状，也量不出它的运动速度。这种气叫做"太素"。这又是个很长的阶段，称为"庞鸿"。有了道干以后，开始产生物体。这时，"元气剖判，刚柔始分，清浊异位，天成于外，地定于内"。天地配合，产生万物。这一阶段叫做"太玄"，也就是道之实。《灵宪》把宇宙演化三阶段称之为道根、道干、道实。在解释有浑沌不分的太素气时引了《道德经》里的话："有物混成，先天地生。"这些都说明了《灵宪》的宇宙起源思想，其渊源是老子的道家哲学。《灵宪》的宇宙起源学说和《淮南子·天文训》的思想十分相像，不过《淮南子》认为在气分清浊之后"清阳者薄靡而为天，重浊者凝滞而为地"。天上地下，这是盖天说。而《灵宪》主张清气所成的天在外，浊气所成的地在内，这是浑天说。

总之，张衡继承和发展了中国古代的思想传统认为宇宙并非生来就是如此，而是有个产生和演化的过程。张衡所代表的思想传统与西方古代认为宇宙结构亘古不变的思想传统大异其趣，却和现代宇宙演化学说的精神有所相通。

### （二）关于天地的结构

张衡对于天地结构的学说有一个发展和演进的过程，在《灵宪》和

《浑天仪图注》中所阐述的两种不同的天地结构模式，便是这一过程的忠实记录。

在《灵宪》中，一方面，张衡阐述了浑天说的一些观点，他认为"天成于外，地定于内"，这包含有浑天说中天包地外的观念，与盖天说的天在上、地在下的说法不同；他又以为"天圆以动"，这与浑天说的天体如弹丸之说相同，而与盖天说的天为半圆形的说法相

异；他还认为"天有两仪，以舞道中。其可睹，枢星是也，谓之北极。在南者不著，故圣人弗之名焉"，这是说天球有南北两极，也是浑天说的观点。另一方面，张衡则沿袭了一些盖天说的旧说，他以为"地平以静"，这是第一次盖天说的观点。他又认为"用重差色股，悬天之景，薄地之仪，皆移千里而差一寸"，这则是由盖天说引申出来的结果；他还以为"至厚莫若地""自地至天，半于八极，则地深亦如之"，这也与盖天说的观点相类似。由这些论述可见，这时张衡的天地结构学说仍借用了盖天说的若干提法，是对浑天说的初始总结。

而在《浑天仪图注》（以下凡未注明出处者，均指《浑天仪图注》内容）中，张衡则论述了另一种天地结构的新模式，他指出："浑天如鸡子，天体圆如弹丸，地如鸡中黄，孤居于内，天大而地小，天表里有水，天之包地，犹壳之裹黄。天地各乘气而立，载水而浮。周天三百六十五度四分度之一，又中分之，则一百八十二度八分之五覆地上，一百八十二度八分之五绕地下，故二十八宿半见半隐。其两端谓之南北极，北极乃天之中也，在正北，出地上三十六度，然则北极上规七十二度，常见不隐；南极乃地之中也，在正南，入地三十六度，南规七十二度，常伏不见，两极相去一百八十二度强半。天转如车毂之运也，周旋无端，其形浑浑，故曰浑天也。"这里张衡十分形象地用鸡蛋的结构和形状来形容天地的结构和形状，其要点可以归纳为：第一，天是浑圆的、有形的实体，其两端有南北两极，北极出地三十六度，南极入地三十六度；天又是不停地运动着的，犹如车毂一样绕极轴做圆周运动。第二，地的形状如鸡蛋黄，也是浑圆的，它又是静止不动的，所谓"孤居于内"的"孤"，就是静止不动的

含义。第三，天包在地的外面，犹如鸡蛋壳包裹着鸡蛋黄一样，天要比地大得多，也正如鸡蛋黄要比鸡蛋壳小得多一样。第四，关于天、地何以不坠不陷的机制，张衡是用"天表里有水"和"天地各乘气而立，载水而浮"来解决的。水在天、地的下半部，使天、地均有所依托；气在天、地的上半部，使天、地立于稳固的状态之中。

《浑天仪图注》的天地结构有两点进步之处：一是以为地要比天体小得多，二是可能已经认为地球是浑圆的，不再是上平下圆、与半个天球等大的半球体了。该学说是当时中国的最先进理论，是浑天说发展史上一个重要的里程碑。

### （三）日、月视直径的测量和日、月、五星离地远近的认识

张衡指出："悬象著明，莫大于日月。其径当天周七百三十六分之一，地广二百四十二分之一"。据钱宝琮校，"七百三十六"和"二百四十二"分别当为"七百三十"和"二百三十二"之误。依照这样的说法，我国古人对日、月视半径测量的最早记载，与现代所测日、月平均视直径值已非常接近了。

张衡还指出"阳道左回，故天运左行"，而"大曜丽乎天，其动者七，日、月五星是也，周旋右回。天道者，贵顺也。近天则迟，远天则速。"这里张衡用离天远近来解释日、月、五星在恒星间自西向东运动快慢的现象，虽然该理论是由李梵、苏统的"月行当有迟疾"，"乃由月所行道有远近出入所生"（《续汉书·律历志中》）之说推衍而来的，但张衡的论述仍不失为我国古代关于日、月、五星运动理论的一次新发展。

在张衡所处的时代，人们已经对日、月、五星相对于恒星的平均日行度有所认识。那么，依照张衡的上述理论，则可推得日、月、五星离地远近的顺序为：土星、木星、火星、太阳、金星和水星、月亮。这应该就是张衡对日、月、五星离地远近的认识。在《灵宪》中，张衡还把上述关于

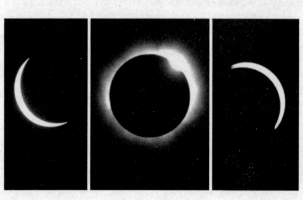

中国古代天文历法

日、月、五星运动的理论，用来解释五星顺、留、逆等现象，这是不可取的，其失误在于把地球和五星绕日复合运动而呈现的五星运动视轨迹，与五星运动的真轨迹混同起来了。但是，张衡以"近天则迟，远天则速"的理论，用于对月亮运动的研究，则取得了很重要的结果。汉安帝延光二年（123年），张衡和他的同僚周兴一起，"参案仪注，考往较今，以为九道法最密"（《续汉书·律历志中》），这里所说的九道法，是指推算因月亮运动"近天则迟，远天则速"

引起的迟速不均的方法。该法虽非张衡首创，但他以古今的实测结果，又一次有力地论证了该法的可靠性，并力主以九道法改进原有的四分历，用以推算朔日等历法问题，这些都是难能可贵的。虽然由于"用九道为朔，月有三大二小"的问题，不为当时大多数人所接受，使张衡、周兴的主张未能实现，但这毕竟是试图以加进月亮运动不均匀改正的定朔法代替平朔法的一次早期的重要努力，在我国古代历法上也是值得一书的事件。

## （四）关于月食的理论

"月光生于日之所照，魄生于日之所蔽，当日则光盈，就日则光尽也"，这是《灵宪》对于月光的由来及月相变化现象的解释，是张衡从他的先辈那里接受来的。在此基础上，张衡进一步发展了关于月食的理论："当日之冲，光常不合者，蔽于地也，是谓暗虚。在星星微，月过则食。"在张衡看来，"当日之冲"是发生月食的充分和必要的条件，所谓"当日"是指月望之时，其时日、月的黄经相差180°，"当日则光盈"说的就是这种情形。这里"之"是"至""抵达"的意思，而"冲"则有黄白道交点或其临近处的含义。就是说只有当望发生在黄白交点或其附近时，才发生月食。张衡还认为，在阳光的照射下，地总是拖着一条长长的影子——暗虚，只有在"当日之冲"时，地才能遮蔽照在月亮上的日光，亦即月体才能与暗虚相遇，使自身不发光的月体发生亏蚀现象。这一理论的基本点与我们现今的认识是一致的。

### （五）对于陨石、彗星的认识

张衡认为："夫三光同形，有似珠玉，神守精存，丽其职而宣其明，及其衰，于是乎有陨星。然则奔星之所坠，至地则石矣。"这里奔星至地为石的观点，前人早已论及，但张衡又以为陨星是与日、月、星一样绕地运行的天体，只是当其运动失支常态时，才自天而降成为陨星，这则是对于陨星认识的新发展。

对于彗星的认识，张衡在《灵宪》中也是既有继承，亦有发展的。

张衡指出"众星列布，其以神著，有五列焉，是为三十五名"（据《开元占经·卷一》），此句前还有"五星，五行之精"一句。我们认为这里张衡是沿袭了京房的说法。京房曾列出天枪、天根等三十五种娇星之名，以为它们分别由"五行气所生"，且五星各生七种妖星，这就是"五列""三十五名"之意。

张衡又指出："老子四星、周伯、王逢、芮各一，错乎五纬之间，其见无期，其行无度，实妖经星之所。"有人认为，这里张衡是把"新星和超新星之类的恒星，也误列为行星的范围"了。我们认为，既然张衡说这些星"其行无度"，这应是彗星一类天体的重要特征，而不应是指新星或超新星，所以它们也应是彗星的别名。京房把上述三十五名统称为"妖星"，张衡说这些星是"妖经

星之所"，亦正是指彗星而言。于是，张衡一方面继承了京房的说法，以为彗星乃五星的五行气所生，另一方面又以为彗星是"错乎五纬之间"者，即把彗星归之于太阳系内的天体，这一点认识是十分可贵的。

## （六） 日、月出没与中天时视大小变化

对于日、月出没时和中天时视大小的变化，张衡作了认真的分析。他认为这是与日、月所处的天空背景以及观测者所处环境的明暗反差的大小有关的视觉现象。他指出"火，当夜而扬光，在昼则不明也"，即在背景和环境均暗弱的夜晚，火炬显得明亮光大；而在背景和环境均明亮的白昼，同

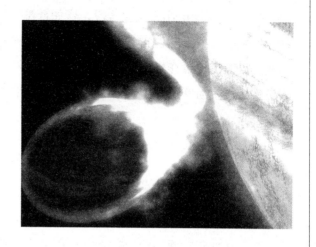

一个火炬则显然暗弱微小。从这一人所共知的视觉现象，张衡引申出他的推论：当日、月出没时，天空背景和观测环境均较暗弱，"瞩暗视明，明无所屈，故望之若大"，与火在昼不明是一个道理。这里张衡所提到的"明无所屈"和"暗还自夺"，是关于反差现象的具体说明，当日、月与天空背景的反差大时，日、月轮廓鲜明，无所消隐；相反，反差小时，日、月轮廓模糊，为背景所隐夺，这就是前者望之若大，后者望之若小的原因。

## （七） 对于恒星的观测

张衡指出："中、外之官，常明者百有二十四，可名者三百二十，为星二千五百，而海人之占未存焉。微星之数，盖万一千五百二十。"这里说在长期观测、统计的基础上，他对恒星进行了区分和命名，共得 444 星官，2500 颗恒星，这还不包括航海者在南半球看到的星宿。据《汉书·天文志》记载，"凡天文在图籍昭昭可知者，经星常宿中外官凡百一十八名，积数七百八十三星"，而其后中国古代传统的星官亦仅 283 官 1465 星。所以，张衡对恒星区分、命名的数量不仅超过前人，亦胜于后人。可惜史料遗缺，不得知其详。

吕子方从有关古籍中录出张衡对于牛、危、虚、昴、毕、觜、井、鬼、柳、

星、轸等十一宿，太微垣、紫微垣、天市垣等三垣，以及阁道等 34 星的占文，认为这是《灵宪》的重要遗文之一。我们认为此说是可信的，由此可知，张衡所说 444 官，2500 星，确实是真的。又从张衡所制水运浑象在密室中运转时，"某星始见，某星已中，某星今没，皆如合符"（《隋书·天文志上》）的记载看，这些恒星在浑象上的位置，显然与它们在天球上的实际位置是基本一致的，这只有在对恒星位置作较精细的测量的基础上才有可能。这说明张衡确实对恒星的位置作过相当好的定量测量工作，这些都是张衡在恒星观测方面取得很大成绩的证明。

### （八）历法讨论

张衡曾参加过一次东汉王朝的历法大讨论，这次历法大讨论发生在汉安帝延光二年(123 年)。据《汉书·律历志》记载，张衡当时任尚书郎之职。这次大讨论的起因是，有人从图谶和灾异等迷信观念出发，非难当时行用的较科学的东汉《四分历》，提出应改用合于图谶的《甲寅元历》。又有人从汉武帝"攘夷扩境，享国久长"出发，认为应该倒退回去采用《太初历》。张衡和另一位尚书郎周兴对上述两种意见提出了批驳和诘难，使这二宗错误意见的提出者或者无

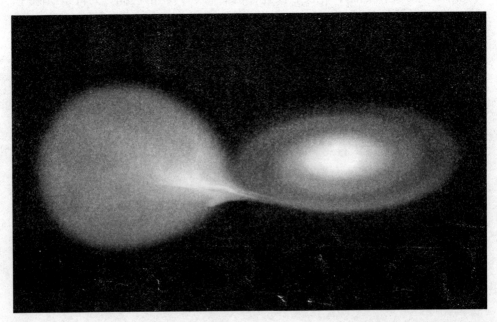

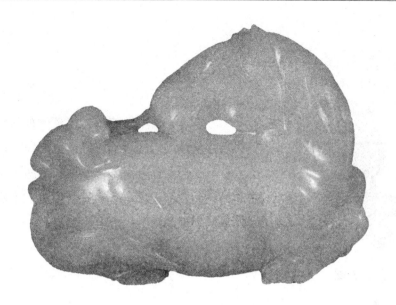

言以对，或者所答失误，从而为阻止历法倒退作出了贡献。张衡、周兴两人在讨论中还研究了多年的天文观测记录，把它们和各种历法的理论推算进行比较，提出了鉴定，认为《九道法》最精密，建议采用。的确，《九道法》的回归年长度和朔望月长度数值比《太初历》和东汉《四分历》都精密。

而且，《九道法》承认月亮运行的速度是不均匀的，而当时其他的历法都还只按月亮速度均匀来计算。所以，《九道法》所推算的合朔比当时的其他历法更符合天文实际。只是如果按照《九道法》推算，将有可能出现连着三个30天的大月，或连着两个29天的小月等现象。而按千百年来人们所习惯的历法安排，从来都是大、小月相连，最多过十七个月左右有一次两个大月相连，绝无三个大月相连，更无两个小月相连的现象。所以，《九道法》所带来的三大月或两个小月相连的现象对习惯守旧的人是难以接受的。这样，张衡、周兴建议采用《九道法》本是当时最合理、最进步的，却未能在这场大讨论中获得通过。这是中国历法史上的一个损失。月行不均匀性的被采入历法又被推迟了半个多世纪，直到刘洪的《乾象历》中才第一次得以正式采用。

浑天仪与地动仪

# 三、张衡与浑天仪

张衡所做的浑天仪是一种演示天球星象运动用的表演仪器。它的外部轮廓有球的形象，合于张衡所主张的浑天说，故名之为浑天仪。下面就介绍一下张衡的浑天学说及浑天仪的发明和意义。

## （一）浑天学说

在汉代以前，我国的宇宙理论，大体分为三种，分别是盖天说、宣夜说和浑天说。在这三种学说中，浑天说在我国古代一直占据着主要地位，被认为是正统的官方学说。从汉代开始以后的千余年中长期广泛流行，支配着历代的天文观测和历法的制订。浑天说认为地在天之中，天似蛋壳、地似蛋黄，日月星辰附着在天壳之上，随天周日旋转。为了演说浑象并观测天体方位，西汉耿寿昌发明了浑天仪。东汉中期，张衡在前人制作的基础上，大胆创新，于117年设计并制造了完整的演示浑天说思想的漏水转浑天仪。

## （二）浑天仪究源

浑天仪是浑仪和浑象的总称。浑仪是测量天体球面坐标的一种仪器，而浑象是古代用来演示天象的仪表，它们是我国东汉天文学家张衡所制的。

浑仪模仿肉眼所见的天球形状，把仪器制成多个同心圆环，整体看犹如一个圆球，然后通过可绕中心旋转的窥管观测天体。浑仪的历史悠久，有人认为西汉落下闳、鲜于妄人、耿寿昌都造过圆仪，东汉贾逵、傅安等在圆仪上加黄道环，改称"黄道铜仪"。早期结构如何已没有记载。而最早有详细结构记载的是东晋史官丞南阳孔挺在光初六年（323年）所造的两重环铜浑仪，这架仪器由六合仪和四游仪组成。到了唐贞观七年（633年），李淳风增加了三级仪，把两重环改为三重仪，成为一架比较完备的浑仪，称为"浑天黄道仪"。

唐朝以后所造的浑仪，基本上与李淳风的浑仪相似，只是圆环或零部件有所增减而已。随着浑仪环数的增加，观测时遮蔽的天区越来越多，因此，从北宋开始简化浑仪，到了元朝郭守敬则对浑仪进行彻底改革，创制出简仪。

浑象的构造是一个大圆球上刻画或镶嵌星宿、赤道、黄道、恒稳圈、恒显圈等，类似现今的天球仪。浑象又有两种形式，一种形式是在天球外围——地平圈，以象征地。天球转动时，球内的地仍然不动。现代著作中把这种地在天内的浑象专称为"浑天象"。通常认为浑象最初是由西汉耿寿昌创制。东汉张衡的浑象是他设计的漏水转浑天仪的演示部分。以后，天文学家还多次制造过浑象，并且和水力机械联系在一起，以取得和天球周日运动同步的效果。唐代的一行和梁令瓒，宋代苏颂和韩公廉等人，把浑象和自动极时装置结合起来，发展成为世界上最早的天文钟。

### （三）浑天仪的发明

浑天仪在《晋书·天文志》中有三处记载。

一处是在"天体"节中，其中引到晋代科学家葛洪的话说："张平子既作铜浑天仪，于密室中以漏水转之，令伺之者闭户而唱之。其伺之者以告灵台之观天者曰：璇玑所加，某星始见，某星已中，某星今没，皆如合符也。"在"仪象"一节中又有一段更具体的细节描写："张衡又制浑象。具内外规，南北极，黄赤道。列二十四气，二十八宿，中外星官及日、月、五纬。以漏水转之于殿上室内。星中、出、没与天相应。因其关戾，又转瑞轮于阶下，随月盈虚，依历开落。"这里又称为浑象，这是早期对仪器定名不规范的反映，并不表示与浑天仪是两件不同的仪器。第三处则在"仪象"体之末，说到张衡浑天仪

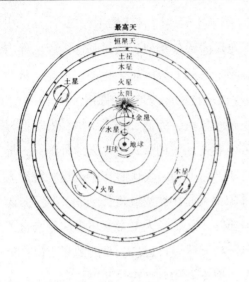

图中标注：最高天、恒星天、土星、木星、火星、太阳、金星、水星、月球、地球、火星、木星、土星

的大小："古旧浑象以二分为一度，凡周七尺三寸半分也。张衡更制，以四分为一度，凡周一丈四尺六寸一分。"

从这三段记载可知，张衡的浑天仪，其主体与现今的天球仪相仿。不过张衡的天球上画的是他所定名的444官2500颗星。浑天仪的黄、赤道上都画上了二十四气。贯穿浑天仪的南、北极，有一根可转动的极轴。在天球外围正中，应当有一条水平的环，表示地平。还应有一对夹着南、北极轴而又与水平环相垂直的子午双环，双环正中就是观测地的子午线。天球转动时，球上星体有的露出地平环之上，就是星出；有的正过子午线，就是星中；而没入地平环之下的星就是星没。天球上有一部分星星永远在地平环上转动而不会落入其下。这部分天区的极限是一个以北极为圆心，当地纬度为半径的小圆，当时称之为内规。仿此，有一以南极为中心，当地纬度为半径的小圆，称之为外规。外规以内的天区永远不会升到地平环之上。

张衡天球上还有日、月、五星。这七个天体除了有和天球一道东升西落的周日转动之外，还有各自在恒星星空背景上复杂的运动。要模拟出这些复杂的运动远不是古代的机械技术所能做到的。因此，应该认为它们只是一种缀附在天球上而又随时可以用手加以移动的一种附加物。移动的目的就是使日、月、五星在星空背景上的位置和真正的位置相适应。

张衡的瑞轮蓂荚更是一件前所未有的机械装置。所谓蓂荚是一种神话中的植物，据说长在尧帝的居室阶下。随着新月的出现，一天长一个荚，到满月时长到十五个荚。过了月圆之后，就一天掉一个荚。这样，数一数荚数就可以知道今天是在一个朔望月中的哪一天和这天的月相了。这个神话曲折地反映了尧帝时天文历法的进步。张衡的机械装置就是在这个神话的启发下发明的。所谓"随月盈虚，依历开落"，其作用就相当于现今钟表中的日期显示。

遗憾的是，关于张衡浑天仪中的动力和传动装置的具体情况，史书没有留

中国古代天文历法

下记载。张衡写的有关浑天仪的文章也只留存片断。这片断中也没有提及动力和传动装置问题。近几十年来，人们曾运用现代机械科技知识对这个装置作了一些探讨。最初，人们曾认为是由一个水轮带动一组齿轮系统构成。但因有记载明言浑天仪是"以漏水转之"，而又有记载明言这漏水又是流入一把承水壶中以计量时间的。因此，就不能把这漏水再用来推动原动水轮。所以，原动水轮加齿轮传动系统的方案近年来受到了怀疑。最近有人提出了一种完全不同的设计。他们把漏壶中的浮子用绳索绕过天球极轴，和一个平衡重锤相连。当漏壶受水时壶中水量增加，浮子上升，绳索另一头的平衡锤下降。这时绳索牵动天球极轴，产生转动。此种结构比水轮带动齿轮系的结构更为合理。主要有以下三个原因：

(1)张衡时代的齿轮构造尚相当粗糙，难以满足张衡浑天仪的精度要求。

(2)这个齿轮系必含有相当数量的齿轮，而齿轮越多，带动齿轮旋转的动力就必须越大。漏壶细小缓慢的水流量就越难以驱动这个系统。

(3)更关键的是前面已提到的漏壶流水无法既推动仪器，又用于显示时刻。而浮子控制的绳索传动就可避开上述三大困难。人们已就此设想做过小型的模拟实验。用一个直径为 6.5 厘米、高 3.5 厘米的圆柱形浮子和一块 27 克重的平衡重锤，就可通过绳索带动质量为 1040 克的旋转轴体作比较均匀的转动。其不均匀的跃动在一昼夜中不过数次，且跃动范围多在 2° 以下，这种误差在古代的条件下是可以允许的。因此，看来浮子—平衡重锤—绳索系统比原动水轮—齿轮系统的合理性要大一些。不过，张衡的仪器是个直径达 1 米以上的铜制大物。目前的小型实验尚不足以保证在张衡的仪器情况下也能成功，还有待更进一步的条件极相近的模拟实验才能作出更可信的结论。

不管张衡的动力和传动系统的实情究竟如何，总之，他是用一个机械系统来实现一种与自然界的天球旋转相同步的机械运动。这种作法本身在

中国古代天文历法

中国是史无前例的。由此开始，我们诞生了一个制造水运仪象的传统，它力图用机械运动来精确地反映天球的周日转动。而直到 20 世纪下半叶原子钟发明和采用之前，一切机械钟表都是以地球自转，亦即天球的周日转动为基础的。所以，中国的水运仪象传统乃是后世机械钟表的肇始。诚然，在公元前 4 世纪到公元前 1 世纪的希腊化时代，西方也出现过一种浮子升降钟，它的结构和最近人们所设想的浮子—平衡锤—绳索系统浑天仪相仿，不过其中所带动的不是一架天球仪，而是一块平面星图。可是在随后的罗马时代和黑暗的中世纪，浮子升降钟的传统完全中断进而消失。所以，中国的水运仪象传统对后世机械钟表的发展具有极其重要的意义。而这个传统的创始者张衡的功绩自然也是不可磨灭的。

从当时人的描述来看，张衡浑天仪能和自然界的天球的转动配合得丝丝入扣，"皆如合符"，可见浑天仪的转动速度的稳定性相当高。而浑天仪是以刻漏的运行为基础的，由此可以知道，张衡的刻漏技术也很高明。

刻漏是我国古代最重要的计时仪器。目前传世的三件西汉时代的刻漏，都是所谓"泄水型沉箭式单漏"。这种刻漏只有一只圆柱形盛水容器。器底部伸出一根小管，向外滴水。容器内水面不断降低。浮在水面的箭舟(即浮子)所托着的刻箭也逐渐下降。刻箭穿过容器盖上的孔，向外伸出，从孔沿即可读得时刻读数。这种刻漏的计时准确性主要决定于漏水滴出的速度是否均匀，而滴水速度则与管口的水压成正比变化，即随着水的滴失，容器内水面越来越降低，水的滴出速度也会越来越慢。为了提高刻漏运行的均匀性和准确性，古人想了两步对策。第一步是把泄水型沉箭式改为蓄水型浮箭式，即把刻漏滴出的水收到另一个圆柱形容器内，把箭舟和刻箭都放在这个蓄水容器内，积水逐渐增多，箭舟托着刻箭逐渐上升，由此来求得时刻读数。第二步则是在滴水器之上再加一具滴水器。上面的滴水器滴出的水补充下面滴失的水，这样，可使下面的滴水器水面的下降大大延缓，从而使下面的滴水器出水速度的稳定性得到提高。这样的刻漏称为二级刻漏。如果按这一思路类推，可以在二级刻漏之上再加一级，则刻漏运行的稳定性又可提高。这就成了三级刻漏，如此等等。大概在隋唐以后，中国发展出了四级和四级以上的刻漏。不过，从单漏到二级漏这关键的一步究竟发生在什么时代，在张衡以前的文献和考古实物中都没有提供明确的资料。

不过在一篇题为《张衡漏水转浑天仪制》的文章中描述了张衡所用的刻漏是一组二级刻漏。这篇文章当是张衡或其同时代人的作品，原文已失，现只在唐初的《初学记》卷二十五中留有几段残文。文如下："以铜为器，再叠差置。实以清水，下各开孔。以玉虬吐漏水入两壶，右为夜，左为昼""(盖上又)铸金铜仙人，居左壶；为金胥徒，居右壶""以左手把箭，右手指刻，以辨别天时早晚"。其中所谓叠置当是指两具刻漏上下放置；所谓差置是指上下两具容器放置得不相重而有所错开；所谓再叠差置当是指有三层容器错开叠放。至于下面的蓄水壶又分左、右两把，那是因为古代的时刻制度夜间和白天有所不同，所以张衡干脆就用两把。同时，这样也便于刻漏的连续运行。

《张衡漏水转浑天仪制》是目前所知第一篇记载了多级刻漏的文献。由此我们可以推断，正是张衡作出了从泄水型沉箭漏到蓄水型浮箭漏和从单漏到多级漏这样两步重大的飞跃。

张衡在创作了浑天仪之后曾写过一篇文章，此文全文已佚，只是在梁代刘昭注《后汉书·律历志》时作了大段引述而使之传世。刘昭注中把这段文字标题为《张衡浑仪》，称之为"浑仪"可能是刘昭所作的一种简化。在古代，仪器的定名并不严格。虽然后世将"浑仪"一词规范为专指观测仪器，但在隋、唐以前，"浑仪"也可用于表演仪器。刘昭所引此文与前面提到的《张衡漏水转浑天仪制》是否原属一篇文章，此事也已无可考。不过从二者标题文字

119

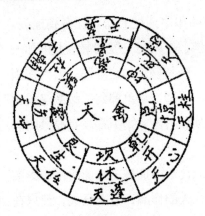

天盘：九星.
人盘：八门
地盘：八卦

相差甚大这一点来说，说是两篇文章也是有理由的。不管这事究竟如何，单说刘昭所引，近人已有证明，它应是张衡原作。

我们考查刘昭所引的这一段文字大约有三个内容。第一部分讲浑天学说和浑天仪中天极、赤道和黄道三者相互关系及彼此相去度数。第二部分讲所谓黄赤道差的求法和这种差数的变化规律，这是这一残文中的最多篇幅部分。第三部分讲黄道二十八宿距度以及冬、夏至点的黄道位置。仔细研究这篇残文可以得到两点重要信息。

其一，文中介绍了在天球仪上直接比量以求取黄道度数的办法：用一根竹篾，穿在天球两极。篾的长度正与天球半圆周相等。将竹篾从冬至点开始，沿赤道一度一度移动过去，读取竹篾中线所截的黄道度数，将此数与相应的赤道度数相减，即得该赤道度数(或黄道度数)下的黄赤道差。从这种比量方法可以悟得，中国古代并无像古希腊那样的黄经圈概念。中国古代的黄道度数实际是以赤经圈为标准，截取黄道上的弧段而得。这种以赤极为基本点所求得的黄经度数，今人名之为"伪黄经""极黄经"(实际当名为"赤极黄经")等等。对于像太阳这样在黄道上运动的天体，其伪黄经度数和真正的黄经度数是相等的。而对黄道之外的天体，则二者是有区别的(除了正好在二至圈，即过冬、夏至点及赤极、黄极的大圆上的点之外)，距黄道越远，差别越大。

其二，文中给出了所谓黄赤道差的变化规律。将赤道均分为二十四等分。用上述方法求取每一分段相当的黄道度数。此度数与相应赤道度数的差即所谓黄赤道差。这是中国古代所求得的第一个黄赤道差规律。黄赤道差后来在中国历法计算中起了很重要的作用，作为首创者的张衡，其贡献也是不可磨灭的。

除了刘昭所引的这段文字之外，在《晋书》和《隋书》的"天文志"里所引述的葛洪的话中转引了一段题为《浑天仪注》的文字；在唐代《开元占经》第一卷里编有一段题为《张衡浑仪注》和一段题为《张衡浑仪图注》的文字。把这三段文字和刘昭所引的《浑仪》一文相比较后可以知道，葛洪所引的《浑天仪注》这段文字不见于刘昭所引，而见于《张衡浑仪注》中。《张衡浑仪注》的剩余部分和《张衡浑仪图注》即是刘昭所引文字的分割，但又有所增删。除此之外，在《开元占经》卷二十六"填星占"中还有三小段题为《浑仪》的文字；卷六十五的"天市垣占"下小注中有题为《张衡浑仪》的文字一句。这四段文字也不见于刘昭所引。总括上述情况，可以得出两点结论：其一，刘昭所引只是张衡《浑仪》一文的节选，张衡原文的内容更为丰富一些，但丰富到何种程度，现已无可考。且自《隋书·经籍志》以来的目录著作中，对《浑仪》（或《浑天仪》）一文从来只标注为"一卷"。因此，想来不会有惊人的数量出入。其二，张衡《浑仪》一文确曾被人作过注，还补过图注。注和图注大概不是一人所注，且大概不是张衡本人所加，否则就不会有单独的《浑仪》一文的存在了。

　　这几段与《浑仪》有关的文字中，当代研究家最关心的是葛洪所引的《浑天仪注》是否是张衡原作的问题。因为这一段文字素来被现代研究家视作中国古代浑天说的代表作，甚至视其地位犹在《灵宪》之上。过去人们当然把它看做是张衡的作品。但到 20 世纪 70 年代末，有人对此提出了全盘的否定。认为所有冠以或不冠以张衡之名的《浑仪》《浑仪注》《浑仪图注》《浑天仪注》等等都是后人的作品。嗣后，又有人对其作了全面的辩驳，维护了传统的观点。这一段争论前后历时长达十二年。现在看来，全面否定张衡有《浑天仪》一文传世的论点已基本失败，即至少可以肯定，刘昭所引的《浑仪》一文是张衡原作。但否定者仍有其历史贡献，他启发人们去注意古代文献流传中的复杂情况。

例如，过去人们并未认识到《浑仪》一文还有行星和恒星等方面的内容。同时，也仍然有理由可以怀疑葛洪所引《浑天仪注》一段是否是张衡原注。因为第一，这一段名之为"注"，而在古代文献中，加不加"注"字是有本质差别的。不加"注"字的是指原文，加"注"字的就有注文。既然有不加注字的《浑天仪》，则加"注"字的《浑天仪注》就不只是《浑天

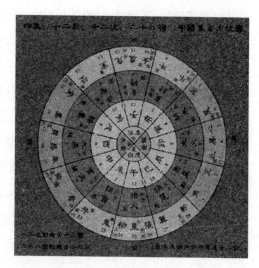

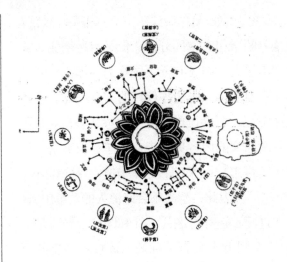

仪》原文，而且还有注文。第二，《浑天仪注》的思想就其正确面而言，并不超出《灵宪》。如果我们把《灵宪》中的地看做是浮于水面，孤居天中央，远较天为小的陆地的话，那么这与《浑天仪注》所说的"地如鸡子中黄，孤居于天内，天大而地小。天表里有水，天之包地犹壳之裹黄。天地各乘气而立，载水而浮"等并无矛盾。反之，《浑天仪注》中认为"北极……出地上三十六度"，这段话当不可能是注重实际观测的张衡的结论。张衡的诞生地南阳，长期当太史令的地点洛阳，都不会有北极出地三十六度的现象。根据他曾到过全国很多地方的经历来看，张衡也似乎不应有北极出地为固定值的概念。这大概也正是他在《灵宪》一文中未提北极出地数值的原因。有鉴于此，宁可把《浑天仪注》的作者问题作为存疑，而期待今后的研究与发现。

### （四）浑天仪的作用

在 17 世纪发明望远镜以前，浑仪是所有天文学家测定天体方位的时候都缺少不了的仪器。不过中国的浑仪和古希腊的不同。我国最原始的浑仪可能是由两个圆环组成。一个是固定的赤道环，它的平面和赤道面平行，环面上刻有周天度数。一个是四游环，也叫赤经环，能够绕着极轴旋转，赤经环上也刻有周天度数。在赤经环上附有窥管，窥管可以绕着赤经环的中心旋转。我国古时就用入宿度和去极度来表示天体的位置，战国时期公元前 4 世纪中叶成书的《石氏星经》中就有这些数据了，这证明那时就已经有浑仪了。在欧洲，首先系统地观测恒星方位的人是约公元前 3 世纪上半叶的古希腊天文学家阿里斯提鲁斯和铁木恰里斯，他们比石申约晚六十年，而所用的仪器，现在已经是一无所知了；据托勒玫（约 90—168 年）《天文学大成》中的叙述，他们用的可能是以黄道坐标为主的浑仪。利用沿赤道量度的大圆弧来表示恒星的位置是很方便的，

中国古代天文历法

因为所有恒星的周日运动（就是每天的东升西落）都是平行于赤道进行的；但是对于太阳来说就不合适了，因为太阳在恒星背景上的视运动轨道——黄道——和赤道有个二十三度多的交角。为了更方便地测量太阳的位置，东汉中期的傅安和贾逵就又在浑仪上安装了黄道环。可能是张衡又加上地平环和子午环，于是便成了完整的浑仪。《隋书·天文志》中介绍的东晋时候的前赵的孔挺于光初六年（323 年）所作的浑仪是这种仪器结构方面的最早记载。北魏的斛兰于永兴四年（412 年）用铁铸浑仪，在底座上添置了十字水趺，用来校正仪器的水准，这又是一个进步。到唐代初年，由于工艺水平和科学技术的发展，李淳风进一步把浑合仪由两重改变成三重，就是在六合仪和四游仪之间再安装一重三辰仪。李淳风把张衡浑仪的外面一层——地平圈、子午圈和赤道圈固定在一起的一层叫做六合仪，因为中国古时把东、西、南、北、上、下这六个方向叫做六合；把里面能够旋转用来观测的四游环连同窥管叫做四游仪。在这两层之间新加的三辰仪是由三个相交的圆环构成的，这三个圆环是黄道环、白道环和赤道环。黄道环用来表示太阳的位置，白道环用来表示月亮的位置，赤道环用来表示恒星的位置。中国古时把日、月、星叫做三辰，所以新增的这一重叫做三辰仪。三辰仪可以绕着极轴在六合仪里旋转；而观测用的四游仪又可以在三辰仪里旋转。现在保存在南京紫金山天文台的明代正统二年到七年（1437—1442 年）间复制的浑仪，基本上就是按照李淳风的办法做的，所不同的是把三辰仪中的白道环取消了，另外加了二分圈和二至圈（过春分、秋分点和冬至、夏至点的赤经圈）。二分圈和二至圈是宋代的苏颂加上去的，白道环是同时代的沈括取消的。沈括取消白道环，是浑仪发展史上的一个转折点，具有重

要意义。在沈括以前,往往是增加一个新的重要天文概念,就要在浑仪上增加一个环圈来表现这个概念,仪器发展的方向是不断地复杂化,仪器上的环越来越多。这样就产生了一个缺点:环圈相互交错,遮掩了很大天区,缩小了观测范围,使用起来很不方便。为了克服这个缺点,沈括一方面取消白道环,把仪器简化、分工,再借用数学工具把它们之间的关系联系起来("当省去月环,其候月之出入,专以历法步之");另一方面又提出改变一些环的位置,使它们不挡住视线,他说:"旧法黄赤道平设,正当天度,掩蔽人目,不可占察;其后乃别加钻孔,尤为拙谬。今当侧置少偏,使天度出北极之外,自不凌蔽。"(《浑仪议》,见《宋史·天文志》)沈括把浑仪发展的方向由综合和复杂化改变为分工和简化,为仪器的发展开辟了新的途径。元代郭守敬于元世祖至元十三年(1276 年)创制的简仪就是在此基础上产生的。简仪不但取消了白道环,而且又取消了黄道环,并且把地平坐标(由地平圈和地平经圈组成)和赤道坐标(由赤道圈和赤经圈组成)分别安装,使除了北天极附近以外,全部天空一望无余,不再有妨碍视线的圆环。简仪的赤道装置是:北高南低的两个支架托着正南北方向的极轴,围绕着极轴旋转的是赤经双环,就是浑仪中的四游仪。赤经双环的两面刻着周天度数,中间夹着窥管,窥管可以绕着赤经双环的中心旋转。窥管两端架有十字线,这便是后世望远镜中十字丝的祖先。这样,只要转动赤经双环和窥管,就可以观测空中任何方位的一个天体,并且从环面的刻度上读出天体的去极度数。把去极度数乘以 360/365.25,再用 90° 减去这个乘积,就得到现代用的赤纬值。

# 四、张衡与地动仪

候风地动仪是汉代科学家张衡的又一传世杰作。在张衡所处的东汉时代，地震比较频繁，地震区有时大到几十个郡，引起地裂山崩、江河泛滥、房屋倒塌，造成了巨大的损失。而且张衡对地震也有不少亲身体验。为了掌握全国地震动态，他经过长年研究，终于在阳嘉元年（132 年）发明了候风地动仪，这是世界上第一架地动仪。

## （一）地动仪的工作原理

地动仪用精铜制成，圆经八尺，合盖隆起，形似酒樽。表面作金黄色，上部铸有八条金龙，分别伏在东、西、南、北及东北、东南、西北、西南八个方向。龙倒伏，龙首向下，龙嘴各衔一颗小铜球，与地上仰蹲张嘴的蟾蜍相对。地动仪空腔中央，立一根铜柱，上粗下细。铜柱周围有八根横杆，称为"八道"，各与一龙头相连。铜柱是震摆装置，八道用来控制和传导铜柱运动的方向。在地动仪受到地震波冲击时，铜柱就倒向发生地震的方向，推动同一方向的横杆和龙头，使龙嘴张开，铜球下落到蟾蜍嘴中，并发出响声，以提示人们注意发生了地震及地震的时间和方向。一颗珠子放在平台上，如果将哪方稍微往下一按，珠子就向哪方滚动。又如我们点亮一枝蜡烛，将它放在一张不平的桌子上，它总会向低的一方倒。地动仪就是根据这些简单的原理设计的。地动可以传到很远的地方，只不过太远了人就感觉不到了，但地动仪能准确地测到。

### (二) 地动仪的结构模型

关于地动仪的结构，目前流行的有两个版本：王振铎模型（1951 年），即"都柱"是一个类似倒置酒瓶状的圆柱体，控制龙口的机关在"都柱"周围。这一种模型最近已被基本否定。另一种模型由地震局冯锐（2005 年）提出，即"都柱"是悬垂摆，摆下方有一个小球，球位于"米"字形滑道交汇处（即《后汉书·张衡传》中所说的"关"），地震时，"都柱"拨动小球，小球击发控制龙口的机关，使龙口张开。另外，冯锐模型还把蛤蟆由面向樽体改为背向樽体并充当仪器的脚。该模型经模拟测试，结果与历史记载吻合。

### (三) 地动仪发明探索

除了浑天仪外，张衡在世界科学史上另一个不朽的创造发明——地动仪，就是在他第二次担任太史令期间研制成功的。发明于阳嘉元年（132 年）的地动仪，是世界上第一台测定地震及其方位的仪器。地动仪的发明，在人类同地震作斗争的历史上，写下了光辉的一页，从此，开始了人类使用仪器观测地震的历史。

我国是一个地震比较多的国家。几千年来，我们的祖先一直在顽强地同地震灾害作斗争。早在三千八百多年前，我国便已经有了关于地震的记载。晋代出土的《竹书纪年》中记载，虞舜时"地坼（裂）及泉"，可能就是指的地震；

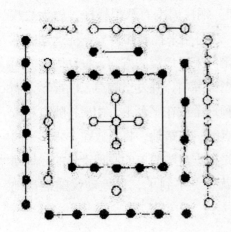

最明确的报道，是夏代帝发七年（约公元前 1590 年）的"泰山震"，这是世界上最早的地震记录；公元前 3 世纪的《吕氏春秋》里记载了"周文王立国八年（公元前 1177 年），岁六月，文王寝疾五日，而地动东西南北，不出国郊"，这一记载明确指出了地震发生的时间和范围，是我国地震记录中具体可靠的最早

记载。此外，在《春秋》《国语》和《左传》等先秦古籍中都有关于地震的记述，保存了不少古老的地震记录。从西汉开始，地震就被作为灾异记入各断代史的"五行志"中了。

东汉时期，我国地震比较频繁。据《后汉书·五行志》记载，自和帝永元四年（92年）到安帝延光四年（125年）的三十多年

间，共发生了二十六次比较大的地震。汉安帝元初六年（119年），就曾发生过两次大地震，第一次是发生在二月间，京师洛阳和其他四十二个郡国地区都受到影响，有的地方地面陷裂，有的地方地下涌出洪水，有的地方城郭房屋倒塌，死伤了很多人；第二次是在冬天，地震的范围波及八个郡国的广大地区，造成了生命和财产的巨大损失。当时人们由于缺乏科学知识，对于地震极为惧怕，都以为是神灵主宰。

张衡当时正在洛阳任太史令，对于那许多次地震，他有不少亲身经验。张衡多次目睹震后的惨状，痛心不已。为了掌握全国的地震动态，他记录了所有地方上发生地震的报告，在他已有的天文学基础上，经过长年孜孜不倦的探索研究，终于在他50岁的时候（132年），发明了世界上第一架用于测定地震方向的地动仪。

据《后汉书·张衡》记载，地动仪是用青铜铸成的，形状很像一个大酒樽，圆径有八尺。仪器的顶上有凸起的盖子，仪器的表面刻有各种篆文、山、龟、鸟兽等花纹。仪器的周围镶着八条龙，龙头是朝东、南、西、北、东北、东南、西北、西南八个方向排列的，每个龙嘴里都衔着一枚铜球。每个龙头的下方都蹲着一只铜铸的蟾蜍，蟾蜍对准龙嘴张开嘴巴，像等候吞食食物一样。哪个地方发生了地震，传来地震的震波，哪个方向的龙嘴里的铜球就会滚出来，落到下面的蟾蜍嘴里，发出激扬的响声。看守地动仪的人听到声音来检视地动仪，看哪个方向龙嘴的铜球吐落了，就可以知道地震发生的时间和方向。这样一方面可以记录下准确的地震材料；同时也可以沿地震的方向，寻找受灾地区，做

浑天仪与地动仪

127

一些抢救工作，以减少损失。

汉顺帝永和三年（138 年）二月三日，安放在京城洛阳的地动仪正对着西方的龙嘴突然张开，一个铜球从龙嘴中吐出，掉在蟾蜍口中。可当时在京城洛阳的人们对地震没有丝毫感觉，于是人们议论纷纷，怀疑地动仪不灵验；那些本来就不相信张衡的官僚、学者乘机攻击张衡是吹牛。可是没隔几天，陇西（今甘肃省东南部）便有人飞马来报，说当地前几天突然发生了地震。于是人们对张衡创制的地动仪"皆服其妙"。陇西距洛阳有一千多里，地动仪标示无误，说明它的测震灵敏度是相当高的。据《张衡传》所记洛阳人没有震感的情况来分析，地动仪可以测出的最低地震裂度是 3 度左右（按我国 12 度地震烈度表计），在一千八百多年前的技术条件下，这可以说是一项非常伟大的成就。

张衡的地动仪创造成功了，历史上出现了第一架记录地震的科学仪器。在国外，过了一千多年，直到 13 世纪，古波斯才有类似仪器在马拉哈天文台出现；而欧洲最早的地震仪则是出现在地动仪发明一千七百多年以后了。

然而，由于封建王朝的统治者对于科学技术上的发明创造素来不加重视，所以张衡在地震方面的研究和发明，得不到他们的支持。地动仪创造出来以后，不仅没有得到广泛的推广使用，就连地动仪本身也不知在什么时候毁失了，这实在是科学技术史上的一大损失。

张衡地动仪的内部结构原理，史书上的记载非常简略，使人无法详知，这是很令人遗憾的。在张衡以后，我国历史上有几位科学家对于地动仪有过专门的研究。例如南北朝时的河间（今河北省河间县）人信都芳曾经把浑天、欹器、地动、铜乌、漏刻、候风等机巧仪器的构造，用图画绘写出来，并且加以数学

的演算和文字的说明，并把这些资料编成一部名叫《器准》的科技名著；隋朝初年的临孝恭也写过一本《地动铜仪经》的著作，对地动仪的机械原理，作了一些说明。但是这些重要著作，也没有能够留传下来。近代中外科学家做了不少研究工作，提出了一些复原方案。

1959 年，中国历史博物馆展出了王振铎复原的张衡地动仪模型。但是在准确测定地震方向的问题上，王振铎的模型和《后汉书·张衡传》中的记载仍有出入。

张衡地动仪的内部机械的具体构造，虽然早已失传了，可是近年来我国的科学技术工作者，凭借他们所掌握的现代科学知识，依据《后汉书·张衡传》的有关记载，参照考古资料，经过多方面的探索，终于考证推论出一千八百多年前张衡制造的地动仪的机构原理，并且设计了这座仪器的想象图。

　　《后汉书·张衡传》中所载地动仪"中有都柱，傍行八道，施关发机"，这是地动仪的主要结构。根据许多学者的反复研究，张衡地动仪的基本构造符合物理学的原理，它同近代地震仪一样，是利用物体力学的惯性来拾取大地震动波，从而进行远距离测量的。这个原理到现在也仍在沿用。王振铎先生推断出这座仪器是由两部分组成：一部分是竖立在仪器樽形部位中央的一根很重的铜柱，铜柱底尖、上大，相当于表达惯性运动的摆，张衡叫它"都柱"；另一部分是设在"都柱"周围和仪器主体相连接的八个方向的八组杠杆机械（即在都柱四周围连接八根杆子，杆子按四面八方伸出，直接和八个龙头相衔接）。这八根杆子就是《后汉书·张衡传》中的"傍行八道"，也就是今天机械学上所说的"曲横杆"。这两部分都设置在一座密闭的铜体仪中央。但因为"都柱"上粗下细，重心高，支面小，像个倒立的不倒翁，这样便极易受震动（即使是微弱的震动）而倾倒。遇到地震时仪体随之震动，只有"都柱"由于本身的惯性而和仪体发生相对的位移，失去平衡而倾斜，推开一组杠杆，使这组杠杆和仪体外部相连的龙嘴张开，吐出铜球，掉在下面的蟾蜍口中，通过击落的声响和铜球掉落的方向，来报告地震和记录地震的方向。

　　张衡设计的地动仪，也是他的唯物主义自然学说的形象体现。地动仪的仪体似卵形，直径和浑象同样大，象征浑天说的天。立有都柱的仪器平底，表示

浑天仪与地动仪

129

大地，在天之内。仪体上雕刻的山、龟、鸟、兽象征山峦和青龙、白虎、云雀、玄武二十八宿。乾、坤、震、巽、坎、离、艮、兑等八卦篆文表示八方之气。八龙在上象征阳，蟾蜍在下象征阴，构成阴阳、上下、动静的辩证关系。都柱居于顶天立地的地位，是按照古代"天柱"的说法作的布局，而其中的机关自然是采用了杠杆结构。

张衡的这一卓越发明，不仅体现了科学家的智慧和创造精神，而且也反映了我国东汉时期的先进科学文化水平，这是令我们感到无比骄傲的。

除了地动仪外，张衡还创造了另一个气象学上的仪器，这就是候风仪。以前许多人以为"候风仪"和"地动仪"是同一种仪器，据最近科学家的研究，这种说法是错误的。《后汉书·张衡传》里"阳嘉元年，复造候风、地动仪"这句话，是说张衡在当年同时创造了候风仪和地动仪两个仪器。不过《后汉书·张衡传》中没有记载候风仪的构造。现在我们把有关候风仪的情况介绍一下。

竺可桢先生在《中国过去气象学上的成就》一文里写道："在气象仪器方面，雨量器和风信器都是中国人的发明，算年代要比西洋早得多。《后汉书·张衡传》：'阳嘉元年，复造候风、地动仪。'《后汉书》单说到地动仪的结构，没有一个字提到候风仪是如何样子的，因此有人疑心以为候风、地动仪是一件仪器，其实不然。《三辅黄图》是后汉或魏晋人所著的。书中说：'长安宫南有灵台，高十五仞，上有浑仪，张衡所制；又有相风铜乌，遇风乃动。'明明是说相风铜乌是另一种仪器，其制法在《汉书》上虽然说得不详细，但是根据

《观象玩占》书里所说：'凡候风必于高平远畅之地。立五丈竿，于竿者作盘，上作三足乌，两足连上外立，一足系下内转，风来则转，回首向之，乌口衔花，花施则占之。'即可以知道张衡的候风铜乌和西洋屋顶上的候风鸡是相类似的。西洋的候风鸡到 12 世纪的时候始见之于载籍，要比张衡候风铜乌的记载迟到 1000 年。"

除竺可祯先生的论证之外，另外还有三项有关候风仪的资料。1.《后汉书·百官志》中注载太史令的属官有灵台特诏四十二人，其中有三人是专管"候风"这一项职务的。因此可知制造候风仪，观测气象，是张衡做太史令时职务范围以内的事情。2.《西京杂记》中载

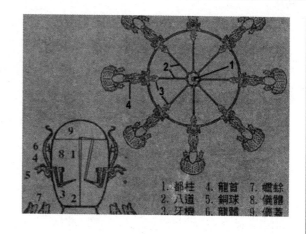

1.都柱　4.龍首　7.蟾蜍
2.八道　5.銅球　8.儀體
3.牙機　6.龍體　9.儀蓋

皇帝仪仗队里有"相风乌车"一项。依此我们可以推知"相风乌"这种仪器，不仅安置在灵台上，同时也可以装置在车辆上面。候风仪的发明可能是在张衡之前，张衡制造的候风仪虽然有所改进，但已不是特别突出的新发明，因而史籍也就不详细记叙了。3.北魏时信都芳所著《器准》一书，把地动、候风、铜乌并列做三项；隋代临孝恭所著的《地动铜仪经》，不带"候风"二字。因此，我们一方面可以推想铜乌和候风这两个器物的构造可能是不完全相同的；另一方面，也可以认为地动仪和候风仪是两种完全不同的仪器。

张衡在创造地动仪以外，制造了候风仪，是可以肯定的。通过这些论证，也可以窥见我国两汉时代在气象仪器上的创造和应用方面的部分情况；同时又证明张衡对职务认真负责，并能在科学研究上结合实际，善于学习前人的科学经验而有所创新改进，是我国科学史上的伟大先驱者。

### （四）地动仪消失之谜

两汉时期是中国历史上的灾害群发期之一，张衡就生活在这个天灾频仍的不幸年代，在水、旱、蝗、冰、震等多种灾害中，他经历过多次地震。在他27岁至47岁的20年中，地震几乎每年都要发生一次。

张衡追寻天文地理奥秘的科技生涯中，还有着很高的文学造诣，这位太史令善作赋、善于谋划行政方略。但是在张衡年表中，128之后的4年里，每年都是空白，什么政策与文化方面的印记都没有留下，却突然在132年造出了地动仪，"这说明，张衡在这4年的时间里，专心致志地在造他的地动仪"，用了

几年时间复原张衡地动仪的冯锐如是说。

1. 地震与国运——妖言致祸

张衡任太史令时，曾多次议朝纲说地震。在他的地动仪刚刚安置在洛阳灵台，与几年来一直在这里执行任务的浑天仪一同站岗不到一年时，133年6月18日京师发生了地震，张衡上书《阳嘉二年京师地震对策》，他说："妖星见于上，震裂著于下，天诚祥矣，可为寒心。今既见矣，修政恐惧，则转祸为福。"这份上书果然立竿见影，19岁的顺帝刘保受天诚观的控制，于震后第二天发布了地震"罪己诏"，而太尉庞参和司空王龚"以地震策免"。"天人感应"的传统观念在地震年代为政治倾轧准备了充足的借口。于是，历史在张衡地动仪问世前后的这段时间内有过133年、134年"以地震免"三公（司徒、太尉、司空）中二人的记载，而且这也是开中国历史之先河的"以地震"撤免朝廷最高长官事件。

陇西地震是张衡地动仪第一次工作验出的地震，时间是134年12月13日，这么短的时间里又发生地震，说明君侧仍有忤逆之人，于是顺帝直接问张衡谁是天下最令人痛恨的人？这次根据张衡"天诚祥矣"的观点，司徒刘琦和司空孔扶二人成了第二批"以地震免"的高官。孔扶是孔圣人的第十九世孙，出身中国最古老的世家，他的先人被中国历代君王奉若神明。

地动仪的出现，使地震年代的政治变得如此复杂，以至于震后升职的官员同样命运多舛，以张衡来说，他升至侍中，被顺帝问及谁是天下最可恨的人时，满朝文武宦官都怕他说自己的坏话，最终导致"阉竖恐终为其患，遂共谗之"。134年12月13日陇西地震以后，张衡和他的地动仪被群起而攻之，官场矛盾在地震的年代异常激烈起来，借地震之事诛异己者成了顺帝时期的朝廷潜规则，张衡本人也成了地震的直接受害者。由于地震的频发，东汉朝廷的这项政治游戏一直玩到东汉灭亡才结束。

早在东汉结束前，张衡已经无法解释地震与国运的关系了，他的地动仪成为一颗犯了众怒且"惧其毁已"的煞星，他本人也因"妖言"过多不复是顺帝的心腹而成为众矢之的。于是，他先是

请辞，后又被派到荒无人烟的河间（今河北省沧州）为相。这段凄惶晚景记录在他的文学作品中，《怨篇》《四愁诗》《髑髅赋》《冢赋》《归田赋》全部是悲不堪言的笔述。此后的 136 年 2 月、137 年 5 月—7 月、138 年 2 月—6 月和 139 年 4 月发生多次地震，但史料中却不再有地动仪工作的记录。地动仪随着张衡政治地位不再，受重视程度一落千丈，甚至被人为地摒弃了。

张衡感觉到了自己的垂暮时分，他想回家了，于是上书给顺帝"乞骸骨"，在 139 年回到京城洛阳时，降为尚书，他有没有应征，没有详细记载。有记载的是，张衡是在这一年去世的，去世后安葬于他的家乡南阳以北 25 公里的石桥镇。张衡的家乡至今还在无声地提醒途经南阳的外地人，最好放轻脚步，以免打扰了地下的各位有灵神明——南阳市的道路命名，经常以当地著名历史人物来提醒人们，这里曾经有过张衡、诸葛亮、张仲景、姜子牙、岑参、张释之、范蠡、汉光武帝，他们中有些人不仅生于斯、工作学习于斯，还长眠于斯。

2. 失传——不科学还是毁于战火？

奥地利宗教学者雷立柏，认为中国人对张衡地动仪的情绪是一种宗教式的崇拜，在他看来，地动仪失传了，就说明它不科学、不实用，没有不失传的道理。

即便现在已经搞清了张衡地动仪工作的科学原理，以及存在价值，但是它的失传仍是一个谜。数种学说，都有各自的文献依据。

考古学家王振铎认为地动仪消失于 307 年—312 年西晋永嘉之乱。冯锐分析认为还要早，"估计在东汉末年，恐不会超过魏文帝曹丕登基的 221 年"。

还有一种考证来自 185 年—190 年灵台和洛阳的多次大火。洛阳城在经历

浑天仪与地动仪

了顺帝时期的地震频发后，到了桓帝又开始了接连不断的火灾，较大的一次火灾是黄巾军起义后的 185 年 3 月 28 日，南宫云台燃起烈火，这把火烧了半个多月。

又过了几年，发生了一场最大的火祸，190 年，董卓驱赶天子和京师百万人迁都长安，他的军队在洛阳城烧杀抢掠持续一年两个月。此次主要以"尽焚宫室""焚洛阳官庙及人家""宫室烧尽"为主。到了汉献帝 196 年 8 月返回洛阳时，故都焚尽，第二个月他就奔了许昌降魏，东汉灭亡。

考古发现，洛阳出土的大批青铜器具铸自黄巾军之后，而 190 年的董卓烧毁旧京洛阳城之时，出土的铜钱有着突出的特点：方孔极大，成了历史上最大的圆内切四边形，钱又极薄。生活于这一时期的医圣、张衡的南阳同乡张仲景在《伤寒论》中说，196 年以后的 10 年之内，亲见族人死去三分之二，黄河流域已经几成无人区。这种民不聊生的年代，毁铜铸钱不足为奇。

张衡地动仪是中国科技史的光荣，也是一个朝代的噩梦，这个朝代毁灭之后，它也不知所踪。

### （五）地动仪——科学还是伪科学

一直以来，中国国家博物馆陈列的张衡地动仪被很多中国人看做是张衡的原作。然而，事实却是张衡在东汉末年制作的这一科学仪器至今还没有出土文物。作为中国地震局的标志、中国人民邮政的邮票、中学教科书上的内容、国礼用品，王振铎于 1951 年复原的张衡地动仪早已深入人心并在对外交流贫乏的年代成为中国人根深蒂固的民族骄傲。

故而，在上世纪 60 年代，随着不断深入的国际学术交流，这个模型的偏谬和失误不断暴露出来，批评与否定渐趋激烈。1969 年以来，中、日、美、荷、奥等国学术界发表了一系列的措辞严厉的论文，对模型进行

了质疑和批评。这些颠覆性的观点促使中国的科学家重新认识和复原张衡地动仪。

1. 西方人的批评

冯锐是 20 世纪 80 年代初在加拿大和美国学习工作过的改革开放后第一批海归、从事地震研究四十余年的学者、中国地震局地球物理研究所的研究员。2003 年的夏天，他在国家图书馆大厅一进门右手旁边的国图书店里发现了一本名为《张衡：科学与宗教》这部发行量并不大的哲学专书，他才了解到在国际地震学领域围绕着中国地震学鼻祖、东汉科学家张衡的争论，竟然如此繁多、尖锐。

《张衡：科学与宗教》一书的作者奥地利人雷立柏曾是北大哲学系的博士，后在中国社科院访学。雷立柏在书中说道："张衡的地动仪是华夏科学停滞特点的典型表现。"以及："《后汉书》的记载不一定是可靠的。"冯锐感到在这个夏天，最迫切的事情是要找到雷立柏。

找到了雷立柏以后，他十分坦率并且毫无保留地拿出他所看过的西方对于张衡地动仪研究与质疑的各种文献给冯锐。从这些文献中，冯锐看到了几位海外华人学者、日本地震学家关野雄以及美国科学院院士博尔特等人对收藏于中国国家博物馆的张衡地动仪模型的批评与否定。博尔特是冯锐在伯克利加州大学地质地球物理系做访问学者时的系主任，看到这样熟悉的权威也在质疑张衡地动仪，刺激的痛感就更加强烈。

通过查阅老师博尔特的一系列文献资料，冯锐又找到了被称为现代地震学创始人的英国人米尔恩与张衡的渊源。

2. 米尔恩与张衡的地动仪

1868 年的明治维新使得日本在 19 世纪中叶后，远远地走在了中国的前头。服部一三届时留学美国，八年后的 1875 年，24 岁的服部一三从美国回到日本，这位懂汉字的年轻人首先绘制了张衡地动仪的外形，并用汉字在图画的四周抄下了《后汉书·张衡传》中的 196 个字，在日本传播地动仪的思想，这种行为与他的祖国是个地震多发国有关。第二年，英国工程学教授约翰·米尔恩受聘于东京帝国工程学院，米尔恩在日本生活了二十年，他在东方的游历以及中日同源的文化背景，使这位地质物探学者接触到了东方文化和张衡地动仪，并第一个向西方介绍张衡地动仪。米尔恩在向西方传播张衡地动仪时，已经意识到张衡是将都柱悬挂在仪器中央，利用物体的惯性来测定地震。1880 年日本地震学会成立，服部一三任会长，米尔恩任副会长。

米尔恩 1883 年在服部一三 1875 年描绘的张衡地动仪外形基础上，绘制了新的张衡悬垂摆式地动仪复原模型，十年后，米尔恩制成世界上第一部可在台站普遍架设的现代水平摆地震仪。又过了十年，1896 年米尔恩回到英国，将他发明的地震仪安装于 62 个国家，并编制了全球地震报告，成为举世公认的现代地震学奠基人。

不同于张衡地动仪只有验震功能，米尔恩地震仪还具有记录地震时间、方位、地震波形的作用。米尔恩在他的《地震和地球的其他运动》一书中提到张衡"悬挂都柱"的工作原理，在他的回忆录中讲过他曾受到启迪才于 1880—1883 年间进行了大量模仿和试验，并于 1892—1894 年发明了现代地震仪。米尔恩在自己所熟悉的牛顿、惠更斯、皮纳等对惯性和悬垂摆研究的基础上，发现张衡地动仪在一千七百多年前就已经运用了惯性原理。在这个科技发展史的链条中，米尔恩是古代张衡地动仪原理与现代地震理论相互衔接的重要一环。

于是，这位西方人在首版于 1883 年的《地震和地球的其他运动》一书中首先介绍了张衡地动仪，他认定张衡所用的是悬垂摆并详细指出了地动仪中悬垂摆的作用。他复原的那部张衡地动仪高约 3.5 米。他在日本做模拟试验时，因为上悬挂点需要很高，竟然把二层楼房子捅了个洞来进行对比观测。此后，米尔恩又与他的同胞，一同受聘到日本的尤因、格林等人设计出他们首创的世界第一架地震仪，这架地震仪的悬垂摆高 6 米、重 25 千克，下部用杠杆进行放大记录。

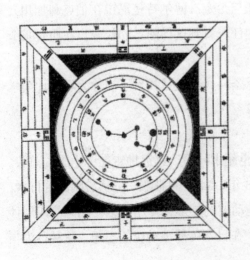

米尔恩的《地震和地球的其他运动》一书是现代地震学的开山之作，至少再版过9次。在前4版中都有关于中国东汉科学家张衡及其对地动仪原理的介绍，并被作者奉为人类迈出的第一步。

从第5版起，原书做过重大修订。他1913年去世这一年发行第9版，由后人对该书做了修改，书中已经彻

底删除了有关张衡及其地动仪的章节，在对地震仪器进行介绍时，一开头便从米尔恩地震仪讲起了。

日本国内，对于地震仪原理的争论，也一直分为两派，除了米尔恩所坚持的悬垂摆原理，还有一派坚持遵循直立杆原理复原地动仪。

3. 国人对地动仪模型复原的努力

中国建筑师吕彦直是南京中山陵和广东中山纪念堂的设计者，早年留学法国，艺术上追求中西风格的融合，1917年，正在美国留学的吕彦直时年23岁，修改了米尔恩的地动仪复原外形图，使之更具中国传统文化特色。这是近代中国第一位思考过张衡地动仪工作原理的中国学者。

1934年毕业于燕京大学研究生院的王振铎，是中国现代史上第一位严肃认真地复原张衡地动仪模型的人。这位搞文史考古的青年人，在1936年，时年24岁，画出了自己复原的第一部张衡地动仪模型图样。在今天能够看到的设计资料中，他的悬垂摆含在外壳内部，比米尔恩的更加"形似酒樽"。

王振铎的这篇论文发表在《燕京大学学报》上，论文中配了外观设计图以及内部结构图。那段时间王振铎正处在从燕京大学研究院历史专业毕业，接下来任职北平研究院史学研究所的过渡时期里，这一年对于张衡地动仪的复原思考，完全是出自他个人的爱好。他参考了中外各方面的典籍，其中就有范晔的《后汉书》以及英国人米尔恩关于张衡地动仪的设计资料。在地动仪机理方面，他认可并采纳了米尔恩悬垂摆原理。

在王振铎论文发表一年之后，日本地震学家原尊礼按照直立杆原理也设计了一尊他所理解的张衡地动仪；1939年日本地震学家今村明恒也设计了一尊直立杆原理的地动仪，并按照直立杆的原理进行了实验。因直立杆的倾倒方向与地震射线方向垂直，有悖于史书对地动仪的记载，于是便不再做后续研究。

新中国成立后，王振铎任文化部文物局博物馆处处长，为了配合中国古代灿烂文化的宣传以及博物馆陈列需要，他开始考虑复原张衡地动仪。这一次，王振铎否定了自己1936年的设计，根据《后汉书》中"中有都柱"的记载并借鉴原尊礼的直立杆原理，用了一年时间，于1951年设计并复原出木质的张衡地动仪模型。

正是这一部直立杆模型，在日后遭到地震学界的诟病，并因之认为错在张衡。

4. 争议的核心

在那个特殊的年代，王振铎的概念模型受到了空前的关注，它也表明了20世纪50年代中国对于科学的研究和普遍的知识水平。它是新中国唯一一件张衡地动仪宣传模型，1952年《人民画报》介绍了成功复原的事迹，1953年被作为中国特种邮票选印发行，随之而来的是被写入全国中小学教科书。至今，它还是中国地震局的标志。不仅如此，它还多次作为中外文化交流的重要载体在各国和地区展出，甚至以国礼的形式赠送给其他国家。它甚至作为人类文明的化身，摆在联合国世界知识产权组织总部，与象征美国当代航天科技的、从月球带回的岩石一同展出。

王振铎没有想到，他的这项工作教育并激励了几代中国人，木质模型被大多数中国人误以为是完全定论的、不可更改的唯一模型，甚至被当做出土文物来仿制和收藏，尤其是教科书中并没有说明这是一件后人的复原作品，因此更多的人从学生时期，就以为那是张衡的原作，并将直立杆原理和倒立酒瓶子熟记在心。

国际社会在 20 世纪 60 年代，再次把眼光投向这部直立杆的地动仪，随着不断深入的国际学术交流，这个模型的偏谬和失误不断暴露出来，批评与否定渐趋激烈。1969 年以来，中、日、美、荷、奥等国学术界发表了一系列的措辞严厉的论文。

英国的中国科技史学家李约瑟院士是张衡科技发明的积极推崇者，他指出的也是，该模型与史书的几处不符；美国地震学家博尔特院士没有质疑过张衡

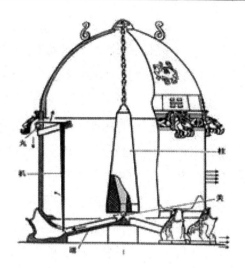

地动仪，他指出的问题集中在 1951 年模型身上：中国目前最流行的地动仪模型工作原理模糊，模型简陋粗糙，机械摩擦大大降低了灵敏度，对地震的反应低于居民的敏感，其作用应予以质疑，而且利用铜丸的掉落方向来确定震中也是不确定的。

在中国国内，复原地动仪的科学性只在学界内开展，社会上出现的负面影响并没有人出面澄清。比如，地震发生时，没有人知道观察吊灯，流行于民间的地震报警是一只只倒立的酒瓶子，并且以为这就是张衡的智慧之处。

在国外发表了多篇有关该模型的学术论文时，国内仍只限于对 1951 年模型的大量科普宣传，直到 21 世纪初年，才有地震学专业的研究用数据来证明张衡的智慧。

### （六）复原之路

对那些质疑地动仪，甚至是整个中国科技史的人来说，最好的回应就是能够成功复原出地动仪。下面就介绍一下我国的学者们在这方面所做的努力。

1. 概念模型研究

要复原地动仪首先面临的是数理计算问题，而要得到具体数据，必须找到相关的史料。于是冯锐首先找到在张衡死后 259 年出生的范晔所著的《后汉书》，那本书里面中对于地动仪的记载共有 196 个字。这 196 个字中，只有"圆

径八尺"是个定量的概念，也就是说，张衡当年的地动仪的直径是当时的八尺，以当时的一汉尺等于 23.5 厘米换算一下，就能得到张衡地动仪的直径，再根据"形似酒樽"一句，查阅各种资料的结果表明，汉代酒樽的高与直径的比例大体在 1.5:1。

通过梁思诚《中国古代建筑史》一书中汉朝柱子的分析，"都柱"的高度也算出来了。通过这些数据进行定量计算的结果是，一千八百多年前张衡那部地动仪都柱摆动的固有周期至少在 1.67—2 秒以上。要验证这一结果，对于冯锐这样的专业工作者来说具有便利的条件，他调来了 1985 年以后陇西地震传至河南省洛阳地震台的地震波记录图，不出所料，从陇西到洛阳的地震波果然主要是瑞利面波，周期以 2—5 秒为主。

计算所得的结果，不仅固有周期与真实地震波优势周期吻合，而且触发仪器的波动震相也与瑞利面波吻合，这说明了一点，张衡地动仪的确是运用悬垂摆原理制成的。张衡对于悬垂摆的运用的确早于西方一千六百多年，而且其都柱高度也已经通过计算得到了验证。

2. 不是巧合，而是时代的要求

冯锐完成了基本数据的验证后，2003 年 1 月发表了论文《地动仪的否定之否定》，明确指出了国内最流行的王振铎复原模型(也称"传统模型")的原理性错误。他没有想到的是他的观点受到了中国地震局的重视。中国地震局支持他

与国家博物馆合作加大理论研究力度，中国地震学专业委员会的专家们还先后两次听取了他的报告，明确支持彻底否定王振铎模型的工作原理。冯锐和武玉霞遂于 2003 年 10 月在中文核心期刊上发表了长篇论文《张衡候风地动仪的原理复原研究》，公布了更加严谨的学术研究结果。

2004 年 7 月，来自中国地震局、国家博物馆、河南博物

院、自动化研究所等八家单位专家组成的"张衡地动仪科学复原课题组"成立了，由冯锐总负责。

3. 史料发掘与数理计算

冯锐所做的第一件事，就是把陇西自 1985 年以来所有地震的波形图调来，通过对这些波形图的分析和计算发现，不出课题组的预料，从陇西到洛阳地震波的周期、幅度、震相、加速度、持续时间等参量，不仅是在理论预期的合理范围内，而且与类似的真实地震的波动记录结果相吻合。这一结果无疑说明了

一个问题，张衡的地震仪在 134 年的确测到了陇西的地震，它不是一个虚幻的神话。同时也表明，冯锐对地动仪多种参数的计算是正确的。有了量化参数，就具备了科学复原的基本条件。

在历史学家与考古学家的参与下，对于张衡地动仪的记载更从一本《后汉书》的 196 个字增加到 238 个字，这突然增加出来的 42 个字，对于冯锐来说真是"字字玑珠"。还有一天半夜，冯锐接到中国社科院考古研究所卢兆荫研究员的电话，八十多岁高龄的卢兆荫兴奋得睡不着觉，他说："冯锐，我又找到一些有关张衡地动仪的史料，是司马彪的《续汉书》。"冯锐当时没有反应过来，他不知道司马彪是谁，更不清楚时代的前后。卢兆荫又解释一句："是西晋的。西晋的司马彪要比南北朝的范晔早一百多年呢！"这下冯锐听明白了。电话那头的卢先生告诉他："有新内容，其中一句说：'其盖穹隆'，地动仪的盖子是穹隆状的。"这个消息对冯锐的工作实在是帮助太大了。因为汉代的酒樽有两种，温酒樽的盖子就是穹隆状的，史料文字与出土文物是吻合的，这种形状的酒樽特别适合地动仪的技术要求。后来，通过考古学家和国家图书馆善本特藏库的帮助，又陆陆续续地找到了宋代的一些帛质古籍的影印本，前后有七个版本的古籍，对张衡地动仪进行过不同的记录。冯锐把七份史料、不同版本中有关张衡地动仪的记载，全部抄了下来，列成表。一个字一个字地对比，他想从中找出重复的字与不重复的字来，在从未重复的那些字句中找到解决方案。

无论是中国的张衡在 132 年制作的地动仪，还是英国人米尔恩 1883 年在日本推断的地动仪内部结构，都有一个重要的部分，那就是柱子。中国历史博物馆(现改名为中国国家博物馆)已故历史学家王振铎 1951 年设计的地动仪中，也有一个直立杆的柱子。而这根柱子到底应该是什么样的呢？通过计算王振铎复原的直立杆都柱，高与直径之比是 40：1，这一比例连一根完整的铅笔都立不起来。

　　中间这根柱子，为什么叫"都柱"呢？惜墨如金的中国古人为什么要用一个"都"字？古代汉语对"都"的解释之一就是"大"。据此，冯锐设计的铜质都柱粗壮雄浑，高与直径的比约为 6：1 左右。"都"字的原理在于——"地动摇樽，樽则震"，而不是地动摇"柱"，"柱"则震。樽震现象的原理在于地球上的万物都是处于与地球同一状态中，而张衡地动仪则是利用惯性原理，在地震波传来的一刹那所发生的绝对运动中，仍有一个相对静止的都柱因质量大而停留在相对静止中，从而会发生一段相对位移，张衡在 1800 年前就能对于这一物理特性加以运用。这一点也说明，张衡的都柱绝对不是直立杆，而是悬垂摆。

　　复原研究中的困难很快就表现出来，原理的正确并不意味着内部结构的设计合理。因为按照冯锐把都柱设计成狼牙棒的方案，无法达到"一龙发机，而七首不动"的效果，也就是说，张衡当年的地动仪在地震发生后只有一个处于地震波面的龙会吐珠，其他七只龙首不会出现任何反应。他设计的"机关"与"都柱"之间，仅有三四毫米的距离，都柱轻微的摆动就会接二连三地碰得一圈龙都"发机"。加上都柱运动的动量过小，不足以直接推动"龙机"的运动。狼

牙棒设计很快就被自动化研究所退了回来，明确告诉他，无法实现。

冯锐设计了多种都柱，但始终不得其解，他忽然意识到：除原理之外，对张衡的技术措施还没有吃透。或者说，张衡除了首次利用了惯性外，他在技术的实现上一定还有重大的历史创新和贡献，长期并不为人们所了解。否则地动仪不可能在洛阳测出陇西地震的波动量。从现代地震仪的观测实践来看，洛阳地震台需要对惯性摆的相对位移量置

于 2000—3000 倍的电子放大量才能够测出陇西地震的信号。这样高的灵敏度，不是惯性摆的简单位移能够实现的。

### 4. 两个汉字与新模型核心技术的突破

一遍一遍地背诵古文，一个字一个字地分析推敲后，一个深夜，冯锐忽然注意到"施关发机，机关巧制，皆隐在樽中"的"皆"字。"皆"是都的意思，复数；"施关发机"的施和发都是动词，"机"和"关"都是名词。因此，"机关"就不是我们现今习惯理解的双音节词，而应该理解成两个单音节词。"关"字的析出，意味着地动仪由柱、关、道、机、丸五部分组成，都柱首先对"关"施加作用后，才使"龙机"得以发动。关就是触发机构，是地动仪能够以极高的灵敏度测出地震波的一个关键性技术措施。

在向卢兆荫先生请教以后，冯锐确认了这样理解的合理性，"机"和"关"果然是两个词，中国古代都是单音节词，每一个字都有独立的含意，"关"就是门闩的意思，"闩"作为一个象形字，门中间有一横。关就是都柱中间的一小"横"线。于是，一个被称为"悬针含露"的方案设计出来了。至此，历史文中记载的"都柱""机""关""道""丸"，每个部件全部找到了并能够安放在相应的位置，同时获得"一龙发机，而七首不动"的效果。

### 5. 成功复原

终于，课题组复原的模型做好了，但是复原的张衡地动仪必须经过"验震"的考验。这种考验不再是纸上的演算，而是放到一个振动台上去，振动台在电脑的控制下，通过较为复杂的液压机电系统重现了 1976 年唐山地震、2000 年

泸西地震、2001年孟艺地震的地表震动过程，并在这个基础上模拟了一千八百年前的京师洛阳在陇西地震时的运动水平，课题组复原的模型不仅第一次显示出良好的验震功能，还对持续两个月的强烈非地震性振动表现出很强的抗干扰能力。也就是说，中国对于张衡地动仪终于实现了从概念模型到科学模型转变的关键性突破。

在振动台上，这些模型不再只是模型，而成为能够工作的仪器，做到了古代文献中记载的，在时间顺序上"地动摇樽，樽则振，龙机发"，在发机的数量上实现了"一龙发机，而七首不动"。

复原地动仪的工作终于圆满成功！其后，冯锐说："一直以来人们都有误解，认为地动仪能够预测地震，这其实是不正确的，这只是'验震器'，对已经发生的地震有反应。"

验收会结束后，中科院地质与地球物理所的滕吉文院士说："地动仪是中华文明留给人类的宝贵文化遗产，各国科学家都在尝试复原，如果我们不把这件事做好，那就是罪过。从原理上和制作过程上讲，这台复原模型符合史料记载，符合张衡的基本思想……这台地动仪复原模型代表了现代人的认识，它在现阶段是最好的。"

中国古代天文历法

# 古代天文历法

古老的中国天文学从萌芽至今已有五千多年的历史，无论是从天象观测到宇宙起源的探讨，还是从形象的占卜到历法的推算，都凝结了中国古代人民辛勤的汗水。在漫长的岁月中沉淀次啊来的是中国古代天文学令世人瞩目的辉煌成就。

# 一、古人眼中的天地

古老的中国天文学从萌芽至今已有五千多年的历史，它在我国的历史和文化中占有极其重要的地位。从古人仰头望天那一刻开始，无论是从天象的观测到宇宙起源的探讨，还是从星象的占卜到历法的推算，都凝结了中国古代人民辛勤的汗水。在漫长的岁月中沉淀下来的是中国古代天文学令世人瞩目的辉煌成就，为后人留下了极为宝贵的天象记录史料。中国有世界上最早的太阳黑子记录、最早的日月食记录、最早的彗星记录等等。在历法方面，自秦汉以来，中国出现了一百余种古历，实属世界罕见。让我们在历史的长河中向前追溯，去探寻古代天文历法的奥秘。

1942 年，考古人员在位于湖南长沙的一座战国时代的楚国墓葬中发现了一本真正的"天书"。那是一本写在丝帛上的图书，帛书以伏羲、女娲等十一位古史传说中的神人为线索，详细描述了天地的形成与演变的过程，讲述了一段关于宇宙起源的优美而又生动的神话故事。虽然人类不可能目睹宇宙以及各种天体的诞生，但却对此进行了许多猜测，形成了风格迥异的思想和学说。

## （一）宇宙学说

### 1.盖天说

盖天说是中国最古老的宇宙学说，一般将其起源和发展的过程分为两个阶段，称为"第一盖天说"和"第二盖天说"。

"第一盖天说"即"天圆地方说"，它认为：天是圆的，像一顶华盖。地是方的，像一块棋盘。天空是倾斜的，它的中心"天极"位于人的北面，这个极就像是西瓜的蒂，铁锅的脐。大地静止不动，天穹围绕着"天极"向左旋转，太阳和月亮就像是锅盖上的蚂蚁，虽然它们在不停地向右行，但同时也不得不随

中国古代天文历法

天向左行。空间里充满了阴气和阳气，但是阴气浑浊，人的目光无法穿透。

由于先民的活动范围不断扩大，他们越来越不相信"天圆地方"的说法，并且天圆和地方，上下也不能弥合。这些都是第一盖天说站不住脚的地方。

"第二盖天说"即"周髀说"，它以《周髀算经》为基础文献来解释天地结构和天体运行，并进行了定量的描述和计算。第二盖天说根据圭表测量其影子得出结果，再利用勾股定理推算出：天与地相距 8 万里。夏至日

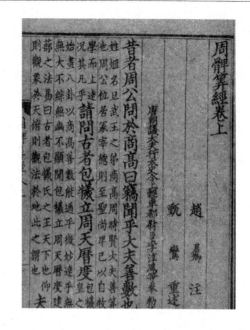

时，没有表影处离地理北极 11.9 万里。冬至日时，没有表影处离地理北极 23.8 万里。中国和地理北极之间的距离则是 10.3 万里。第二盖天说还认为太阳光的照射范围是有限的，它照射范围的半径仅有 16.7 万里。盖天宇宙是一个有限的宇宙，天与地为两个平行的平面大圆形，两个圆平面的直径都为 81 万里—即冬至日时没有表影处离地理北极的距离与太阳光的照射范围半径之和的二倍。

随着历史的发展，人们对第二盖天说的天地结构提出了许多疑问。例如，盖天说认为太阳绕着天中北极旋转，既没有上升也没有下落，而日出、日落只是由于太阳进入和离开可观测范围时所显现出的现象。对此，晋代葛洪提出了疑问：既然太阳绕到北极之北就看不见了，那么为什么恒星绕到北极以北还能看得见呢？

这些问题的提出，迫使古人去探索更能有效解释天体运行规律的宇宙学说。于是在汉代出现的浑天说逐渐取代了盖天说。

2. 浑天说

与盖天说相比，浑天说的地位要高得多，它是中国古代占统治地位的主流学说。《开元占经》卷一中的《张衡浑仪注》中记载：

"浑天如鸡子。天体（意为"天的形体"）圆如弹丸，地如鸡子中黄，孤居于内。天大而地小。天表里有水，天之包地，犹壳之裹黄。天地各乘气而立，

载水而浮。"

大体上是说：天是一个球壳，天包着地，像蛋壳包着蛋黄。天外是气体，天内有水，地漂浮在水上。这是张衡形象地用鸡蛋的结构来比喻天地的关系。浑天说的进步之处，在于其所想象的天球结构，几乎与现代球面天文学中的天球完全一样。浑天说利用天球的旋转来解释一年中昼夜的长短和太阳出入方向的变化。赤道垂直于南北极轴，居于两极中间，黄道是太阳周年运动的运行轨道。黄赤道的交点即春秋分点。浑天说证实，太阳在夏至的周日运行轨道平行赤道面北 24 度，所以太阳从东北升，至西北落，并且昼长夜短；冬至日在赤道南 24 度，所以太阳从东南升，至西南落，并且昼短夜长；到春秋分时，太阳的周日运行轨道正在赤道上，因此昼夜平分，太阳正东升起，正西落下。这些都说明人们对盖天说的质疑在浑天说中得到了正确的解答。

张衡的浑天说已认识到"宇之表无极，宙之端无穷"，天地之外还有天地，宇宙是无限的。已知的天地和天球之外未知的天地，组成了一个无限大的宇宙。这在一定程度上达到了现代科学的认识水平，体现了我国古代人民的聪明智慧。后来浑天说统治中国天文学思想达两千年之久，直到明末欧洲天文学知识进入中国才开始改变。

### 3. 宣夜说

对宣夜说进行系统总结和表述的是郗萌，他是与张衡同一时代的天文学家。宣夜说认为，天是无色无质、无形无体、无边无际的广袤空间，是一片虚空，人肉眼所见的蓝天，只是由视觉上的错觉造成的，实际上"青非真色，而黑非有体也"。宣夜说还认为，日月五星的运动"或顺或逆，伏见无常""迟疾任性"，"日月众星，自然浮生虚空之中，其行其止，皆须气焉"，即日月众星浮于虚空中，自由自在地运行着。认为天体在广袤无边的空间中的分布与运动是随其自然的，并不受想象中的天壳的约束，它们在气的作用下悬浮不动或运动不息。宣夜说既否定了天壳的存在，又描绘了一幅天体在无限空间中自然分布和运动的图景，比其他学说更接近宇宙的原貌。但该学说没有对天体运动规律的进一步说明，只是停留在思辨性论述的水平上，并且也夸大了天体的自由运行，这些局限性导致其没有被广泛认同并传播。

## （二）天学思想

以上的几种说法，在今天看来都是从客观物理性质方面对宇宙问题的讨论。现在我们谈到中国古代先民宇宙观中一个极为重要的方面—天人合一的宇宙观。这里"天"指的是整个自然界。因为在古代人心目中，天并非是近代科学中所认为的无意志、无情感的客观实体，而是一个有思想、有感情、无法彻底认识，只能顺应其道、与之和睦共处的巨大而神秘的活物—我们人也是其中的一部分。

1. 天人合一与天人感应

天人合一是古代天学思想的核心。天人合一思想在中国古代大致表现为天地相通和天地对应两个不同的方面。

天地相通是一个非常古老的观念。《山海经·大荒西经》《国语·楚语下》《史记·历书》及《史记·太史公自序》都记载过：

"皇帝哀矜庶戮之不辜，报虐以威，遏绝苗民，无世在下。乃命重、黎，绝地天通，罔有降格。"

大意是：少皞氏之时，人神混居，巫术盛行，祭祀制度混乱，致使地上不长谷物，无物供奉神灵，这在古人看来是非常严重的事情。所以颛顼氏称帝之后，命令重、黎断绝了天和地间的沟通，使神自为神，民自为民，互不侵犯、骚扰。

以上这些都是关于天地相通中的"精神通道"的记载，而在上古神话中还存在着一条连接天地的"物质通道",在《山海经》中就多处记载,如:"巫咸国在女丑北,右手操青蛇,左手操赤蛇。在登葆山,群巫所从上下也。"(《山海经·海外西经》)"大荒之中,有山名曰丰沮玉门,日月所入。有灵山、巫咸……十巫从此升降,百药爰在。"(《山海经·大荒西经》)

而关于通天途径最典型、详尽的描述见于《淮南子·坠形训》,即中国神话中著名的神山—昆仑山:

"昆仑之邱,或上倍之,是谓凉风之山,登之而不死;或上倍之,是谓悬圃,登之乃灵,能使风雨;或上倍之,乃维上天,登之乃神,是谓太帝之居。"

总之,古代中国人相信:天和地是相通的,在上古的时候人也可以登天,还可以通过巫与天沟通。

天人合一的思想还体现在天地对应,即将天上与人间对应起来的做法。其中表现最为明显的是对天上星官的命名。如《步天歌》中关于紫微垣的描述为:

"中元北极紫微宫,北极五星在其中。大帝之座第二珠,第三之星庶子居,第一号曰为太子,四为后宫五天枢。左右四星是四辅,天一太一当门户。左枢右枢夹南门,两面营卫一十五。上宰少尉两相对,少宰上辅次少辅。上卫少卫次上丞,后门东边大赞府。门东唤作一少丞,以次却向前门数。阴德门里两黄聚,尚书以次其位五。女史柱史各一户,御女四星五天柱。大理两星阴德边,勾陈尾指北极颠……"

这段文字看起来像是一份古代职官表。紫微垣位于北极附近,也就是天的

中央,是天帝的居所,对应的是人间的帝王之宫,这显然是将人间朝廷和后宫的一整套体系都移到了天上。当然,古人不是将天地作简单的对应,而是依据占星学的规则将天象变化和人间大事作对应。

之前我们介绍过"天"在古代中国人的心目中是一个有思想、有感情的活物,那么中国先民是怎样做到顺应天道、与天和睦共处的呢?这就涉及到了天人感应的思想。

天人感应思想可分为两个方面:天命

观和祈禳规则。天命观是理论基础，祈禳规则是具体的操作手段。天命的观念是古代儒家思想的重要组成部分，其认为天命可知，天命可变，天命归于有德者。

《论语·季氏》中有言：

"君子有三畏：畏天命，畏大人，畏圣人之言。小人不知天命而不畏也，狎大人，侮圣人之言。"

孔子将天命置于君子三畏之首，可见天命的重要性。儒家思想统治中国两千多年，其天命观也为历代帝王所笃信、遵奉。其中也有很多借天命做幌子来满足自身欲望的人。如凡是反叛或者革命要推翻前朝的人都要编出几个传奇的故事，用以表明自己是天命所归的真命天子。陈胜置书于鱼腹，上写"大楚兴，陈胜王"；《史记》记述汉高祖刘邦之母："梦与神遇，……见蛟龙于其上，已而有身，遂产高祖。"他们这种做法都证明了天命观念在古代早已深入人心。

那么天命又如何昭示天下呢？《易》曰："天垂象，见吉凶。"就是说，天命的昭示是通过天象变化来向人间传达天命预示的吉凶。古代的天文学家把对天象的占验结果告知帝王，并建议采取何种应变措施。

《史记·天官书》中说："日变修德，月变省刑，星变结和。……太上修德，其次修政，其次修救，其次修禳，正下无之。"就是说对付不同的天象变化有不同的办法，修德是最高境界，而省刑、结和、修政、修救、修禳等，也都是应付天变不可缺少的重要手段。古人认为出现各种天象变化的原因是因为政治有所失，作为国君，如果能思考自身在管理国家过程中的过失和错误并且改正，那么自然能够消除祸根，否极泰来。而修救、修禳的措施也没有偏废，比如对待日食，就要举行盛大的救护仪式。禳救活动中帝王本人也要参加，一般要采取避正殿、穿素服、撤乐、减膳等措施。应对其他天象变化时也各有不同的禳救措施。

2. "为政顺乎四时"

为政要顺乎四时，这也是中国古代的基本天学思想之一。中国古代天学带有浓厚的政治色彩，也与这种思想根源有关。

顺四时具体来说指天子的政治活动安排要顺乎四时，也就是顺应四季的变化。《礼记·月令》中有关于天子按照四时安排重大事务的标准日程表：

孟春："立春之日天子亲率三公九卿诸侯大夫以迎春于东郊。""天子乃以元日祈谷于上帝。"

仲春："玄鸟至，至之日，以太牢祀于高禖，天子亲往。""天子乃鲜羔开冰，先荐寝庙。上丁命乐正习舞、释菜，天子乃率三公九卿诸侯大夫亲往视之。"

季春："天子乃荐鞠衣于先帝。""择吉日大合乐，天子乃率三公九卿诸侯大夫亲往视之。"

这是春天三个月的情况，以下还有孟夏、仲夏、季夏、孟秋、仲秋、季秋、孟冬、仲冬、季冬等各月的详细事务安排。

古代帝王在安排重大事务时必须顺应四时的变化，春夏秋冬各行其是，如同典章制度不能随意更改。同时，这种"为政顺乎四时"还有更为广泛的意义。如董仲舒《春秋繁露》中所言：

"天之道，春暖以生，夏暑以养，秋清以杀，冬寒以藏……圣人副天之所行以为政，故以庆副，暖而当春；以赏副，暑而当夏；以罚副，清而当秋；以刑副，寒而当冬。庆赏罚刑，异事而同功，皆王者之所以成德也。"

庆赏罚刑为天子四政，与春夏秋冬四时相应相符，千万不可颠倒，颠倒就会遭到天罚。

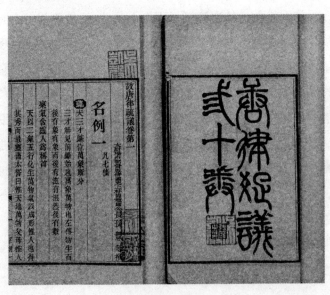

汉代以后，根据"为政顺乎四时"之义，有些政令甚至被写入法律。如《唐律疏议》卷三十规定：

"诸立春以后、秋分以前决死刑者，徒一年；其所犯虽不待时，若于断屠月及禁杀日而决者，各杖六十；待时而违者，加二等。"

就是说，立春以后、秋分以前不得判决死刑，违反此规定的司法人员要被判一年徒刑；如果案犯的罪重，不能按上述规定时间处决的，也不能在断屠月和禁杀日判决。诸如此类的规定，都是"为政顺乎四时"的具体表现和反映。

古代天文历法

## 二、奇异神秘的天象

变幻莫测的天空从古至今都使人捉摸不定，而古代的先民更想通过对奇异天象的观测了解万事万物的变化和发展，因而，无论是如天女散花般的流星雨，还是拖着长尾巴的彗星，甚至是太阳表面出现的斑斑黑迹，都能成为古人研究和探求的对象。对于这些特殊的天象，我们的祖先十分重视观测。我国史籍中保留了对日月食、太阳黑子、极光、流星、新星、超新星等极为详尽、
系统、丰富的观测记录，这些史料随着时间的推移愈发显现出它的珍贵价值，对现今天文学的发展起到了重要的促进作用。

### （一） 日食和月食

日食分三种，即日全食、日环食和日偏食。日食是一种非常显著的天象变化。中国有古代世界上最完整的日食记录。《尚书·胤征》篇"乃季秋月朔，辰弗集于房，瞽奏鼓，啬夫驰，庶人走"的记录被认为是中国历史上最早的日食记录。中国古代史料关于日食的记录总计共有一千六百余次之多，是中国古代天文学遗产的重要组成部分。

中国古代传说日食是"天狗"把太阳吃掉了。因而，每当日食发生时，人们总是惊恐万状，纷纷鸣锣击鼓，呐喊狂呼，胁迫"天狗"吐出太阳。传说中国最早的天文官叫羲和，他因为喝得烂醉，没有预报日食，并且在日食发生时，没有去营救太阳，而被革职杀头。

月食分月全食和月偏食两种，其中月偏食不易引起人们注意。中国最早的月食记录见于殷墟甲骨卜辞，据考证有五条卜辞是可靠的月食记录，这五条记录都属于武丁时期，年代约在公元前13世纪初。历代史志对月食的记载是系统而完整的。《中国古代天象记录总集》载有古代月食记录一千一百多项。

那么为什么会发生日食和月食呢？

由于日、月、地都在不停地运动，三者成一条直线排列，月球在中间，月亮遮挡太阳，影子投在地球上就形成了日食；如果地球在中间，月亮从地球的影子中穿过就形成了月食。《南齐书·天文志》中记述了日、月食发生的亏起方位："日食皆从西，月食皆从东，无上下中央者。"就是说日食总是从西边缘开始逐渐向东，月食总是从东边缘开始逐渐向西，没有从正南正北或中央开始的。由于进行了长期的观测，所以这种记述是非常真实的。

日、月食的发生有一定的周期性。因为太阳、地球和月亮三者的运动是有规律的，经过一段时间后，三者又大致回到了原先的相对位置，于是一个周期以前相继出现的日、月食又再次相继出现，我们称这种周期为交食周期。

## （二）太阳黑子

传说远古的时候，有十个太阳生活栖息在东方汤谷一棵巨大无比的扶桑树上。他们由金乌背负着，轮流到人间巡行。但到了尧帝时，不知什么缘故，这十个太阳一起出现在天空中，炽热的日光使江河干涸，草木枯焦，人类也无法生存。于是尧帝命令神箭手后羿射日。当后羿奉命射下九个太阳时，只见一团团火球落下，三只脚的乌鸦也一只只坠落下来……这个神话告诉我们：太阳中有一只乌鸦，即黑色的鸟。日中鸟的神话在中国流传很广，1972年在长沙马王堆二号墓中，出土了一幅珍贵的彩绘帛画，上面画着一轮金色的太阳，中间站着一只乌鸦。日中鸟的神话，实际上是古人肉眼所见的太阳现象，就是太阳黑子。

太阳黑子是在太阳光球上出现的斑点，因而又叫"日斑"，这些斑点区域的温度低于其他区域的温度，所以显得暗些。世界公认的对太阳黑子的最早记录是在中国西汉河平元年(前28年)："三月乙未，日出黄，有黑气大如钱，居日中央。"(《汉书·五行志》)太阳黑子从产生到消亡有三种不同的形态，古人对黑子做了非常形象的描述，第一阶段是圆形黑子，"如钱""如环"

"如栗""如桃";第二阶段为椭圆形黑子，
"如枣""如瓜""如鸡卵""如鸭卵"；最
后一阶段为不规则形黑子，"如人""如鸟"
"如飞燕"。

现在用望远镜观测几乎每天都可以看到
黑子。可是在远古时代并没有望远镜，古人
如何能看到太阳黑子呢？这大概由于中国古
时各朝代首都多在西北，那里多黄土，风起则黄沙漫天，日光暗淡，容易看到
黑子。史籍中用"日赤无光"或"日无光"等来形容当时的天空情况。在日出
和日落时往往能看到太阳呈黄色或红色，光线不刺眼，这时也容易看到黑子。
古人在日出日落时对太阳举行的祭祀，正是发现太阳黑子的好时机。

### （三）彗星

彗星是除日食以外，最能引起古人惊异的天象。中国古代对彗星有系统的
观测记录。《中国古代天象记录总集》记录，中国古代有彗星记录一千余次。
中国古代的彗星记录最早见于《春秋》，鲁文公十四年（前613年）秋七月，
"有星孛入于北斗"。这也是关于著名的哈雷彗星的最早记录。中国古代对彗星
的观察非常细致，并且根据彗星出现的方位和形状的不同给其命名。《开元占
经》引石氏曰："凡彗星有四名：一名孛星；二名拂星；三名扫星；四名彗星，
其形状不同。"

肉眼可见的明亮彗星通常是由彗核、彗发和彗尾三部分构成，彗核与彗发
合起来又称为彗头，彗头之后拖着的就是长长的彗尾。彗星按自己的轨道运行，
当它远离太阳的时候，其有一个暗而冷的彗核，并无头尾之分。而当彗星接近
太阳时，在太阳的作用下才会由彗头喷出物质，形成彗尾。长沙马王堆三号汉
墓帛书中，绘有各种不同名称的彗星图像，且形态各异，其中一些图像比较真
实地反映了彗尾的不同形状和特征，说明战国时期的人们已经注意到彗星的结
构层次，对彗星的观测已经达到了比较精细的程度。

彗星的最大特征便是它的彗尾。彗尾形状不同且大小不一，有的像一条直
线，有的像一弯新月，有的宛如一把展开的扇子。每颗彗星的彗尾数目也各不

相同：少数彗星没有尾巴，大多数是一彗一尾，但也有不少彗星有两条或两条以上的彗尾。如唐天祐二年（905年）四月甲辰出现的彗星，尾长由三丈到六七丈，最后"光猛怒，其长竟天"。

### （四）流星

在星际空间存在着大量的尘埃微粒和微小的固体块，它们在接近地球时由于地球引力的作用会使其轨道发生改变，因而能穿过地球大气层。由于这些微粒与地球相对运动速度很高，与大气分子发生剧烈摩擦而燃烧发光，在夜间天空中形成一条光迹，这种现象就叫流星。流星包括单个流星（偶发流星）、火流星和流星雨三种。特别明亮的流星又称为火流星。造成流星现象的尘埃和固体小块称为流星体，所以流星和流星体是两个不同的概念。穿行在星际空间，数量众多，沿同一轨道绕太阳运行的大群流星体，称为流星群，其中石质的叫陨石，铁质的叫陨铁。

流星雨，是许多流星从夜空中的一点迸发出来，并坠落下来的特殊天象。这一点或一小块天区叫做流星雨的辐射点。人们通常根据流星雨辐射点所在天区的星座给其命名。例如狮子座流星雨、猎户座流星雨、宝瓶座流星雨、英仙座流星雨等等。我国关于流星、流星雨的记载也早于其他国家，举世公认的最早、最详细的流星雨记录见于《左传》："鲁庄公七年夏四月辛卯夜，恒星不见，夜中星陨如雨。"鲁庄公七年也就是公元前687年，这也是世界上关于天琴座流星雨的最早记录。

### （五）新星

古代天文学家发现，在某一星区，出现了一颗从来没有见过的明亮星星，但仅仅过了几个月甚至几天，又渐渐消失不见了。这种"奇特"的星星叫做新星或者超新星。

"新星"的名字来源于人们曾一度以为它们是刚刚诞生的恒星，所以取名叫"新星"。事实恰恰相反，它们并不是新生的星体，而是正走向衰亡的老年恒星。它们在大爆炸中，抛射掉自己大部分的质量，同时释放出巨大的能量。因此，光度在极短的时间内就有可能增加几十万倍，这样的星叫"新星"。如果恒星的爆发再猛烈些，它的光度甚至能增加几千万、几亿万倍，这样

的恒星就叫做"超新星"。而地球上的人类，因与爆发星区隔着极其遥远的距离，只是看到天空中突然出现一颗闪亮的新星。

新星和超新星的爆发是天体演化的重要环节。它是老年恒星过渡到新生恒星的新旧更替。超新星的爆发可能会引发无数颗恒星的诞生。另一方面，新星和超新星爆发的灰烬，也是形成别的天体的重要材料。例如，那些早已消失的恒星的残骸可能构成了今天我们地球上的许多物质元素。

# 三、星象和占星

当人们看见满天的繁星可以随着时间的流逝而行移，随着季节的变化而出没的时候，人们就已经开始了对星象的观测。后来古人逐渐意识到了这些天体对于确定时间和季节具有着特殊作用，并把观测的结果应用于生产和祭祀，这时天文学这门古老学科便诞生了。古代中国人认为天有一种神秘的、可以支配一切的力量，所以古代天文学的一个主要方面是通过占卜星象来预吉凶、测祸福、卜未来。那么古人是怎样认识星象的呢？星象和人的命运之间存在着哪些关系？带着这些问题去探索星象的起源，或许可以获得令人满意的答案。

## （一）三垣二十八星宿

我国古代，人们为了便于观察星象，逐步地将天上的恒星分为若干组，每组恒星被叫做"星官"，每个星官中所包含的星数不等，少的有一两个，多的达几十个，星官所占的天区范围也各不相同。三垣二十八星宿就是其中比较重要的星官，也是我国古代的星空区划系统，这种划分方法一直使用到近代，与现代所说的星座很像。

三垣是指环绕北天极和比较靠近头顶的天空星象，分紫微垣、太微垣和天市垣三个星空区，"垣"就是墙垣的意思，称之为"垣"是由于每个天区都有数量不等的星作为框架，把三个天区范围明显地划分出来，就像我们地面上的围墙一样。

紫微垣居于北天的正中央，又被称为中宫或紫微宫。它以北极为中枢，成屏藩形状，好像两弓相结合，环抱在一起。东藩八星，西藩七星，从南面起分别称为左枢和右枢，中间形状像闭门，称为间阖门。紫微垣共有三十七个星官，另有两个附座。按照现在的星座来说，紫微垣包括了天龙、猎犬、牧夫、小熊、大熊、武仙、仙王、仙后、英仙、鹿豹等星座。古代认为紫微宫是天神的正殿，是天帝居住和上朝的宫殿，给人以威严、神圣之感。紫微宫常常出现在文人的作品中，在《孙悟空大闹天宫》中的天宫就是紫微宫。

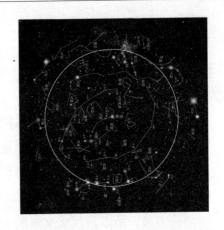

太微垣是三垣中的上垣，位于紫微垣的东北方，北斗的南方。它主要由十星组成，以五帝为中，成屏藩形状，大体上相当于室女、狮子和后发等星座的一部分。它包含二十个星官。太微是政府的意思，所以其中的星官也多以官名命名，如左执法即廷尉，右执法即御史大夫。东、西藩的星，则使用丞相、次丞相、上将军、次将军等名称。

天市垣是三垣中的下垣，位于紫微垣的东南方，北自七公，南至南海，东自巴蜀，西至吴越，下临房、心、尾、箕四宿。它有十九个星官，以二十二星组成，以帝座为中枢，成屏藩形状。天市即集贸市场。所以天市垣中一些星名用货物、器具、市场的名字来命名。如《晋书·天文志》所载，帝座右边的是"斛"四星和"斗"五星，"斛"是量固体用的，"斗"则是量液体用的。"列肆"二星则代表专营珠宝的市场，"车肆"则象征屠畜市场。

二十八星宿，又名二十八舍、二十八次或二十八星，"星"指星座或星官，而"宿""舍"与"次"则含有留宿的意思，它把南中天的恒星分为二十八个天区，在古人看来，一段段天区也正如地球周围沿途分布的驿站一样。

古人为了农牧业生产的需要，很早就注意到，季节的变化和太阳所处的位置有密切关系。但是又难以做到直接测定太阳在天空中的位置，而星象在四季中出没时刻的变化，反映太阳在天空中的运动，所以古人想先测定星象的位置，再依此确定太阳的位置。在长期的观测过程中古人发现：满月时太阳与月亮的位置相差 180 度，而在朔日时，日月位置则恰好重合。古人根据这个规律，想出一个非常巧妙的办法，即每月新月出现时，先规定它相对于某些星象的位置，然后再根据日月关系，推算出朔日时太阳在星空中的位置，这样也就知道了太阳的位置。

这就要求人们必须掌握月亮的运行规律。因为月亮相对于恒星，渐渐地由西向东运动，大约 27.33 天绕地球一周即一个恒星月。由于月亮大体上是沿着黄道运行的，所以古人就沿黄道、赤道自西向东把周天划分成二十八个大小不等的区域，每一区域叫做一宿，共二十八宿。而月亮正好每晚停留后，又回到初始的地方，所以又称为二十八舍或直接叫做月站。

和三垣的情况不同，二十八宿主要是为了区划星官的归属。在二十八宿中，每一宿都包含了不止一颗的恒星，为了精确测量天体坐标，从每宿中各选定一颗星作为标准，这颗星就叫做这个宿的距星。这样古人就可以根据二十八宿距星的位置来测定恒星的位置。

二十八星宿将沿黄道所分布的一圈星宿划分为四组，又称为四象、四兽、四维、四方神，每组各有七个星宿，从角宿开始，自西向东排列：

东方青龙七宿：角、亢、氐、房、心、尾、箕；

北方玄武七宿：斗、牛、女、虚、危、室、壁；

西方白虎七宿：奎、娄、胃、昴、毕、觜、参；

南方朱雀七宿：井、鬼、柳、星、张、翼、轸。

最初创设二十八宿，是为了判断季节。但随着天文学的发展，其作用也不断扩大。在古代，它在编制历法、划分二十四节气，乃至测算太阳、月亮、五大行星、流星的位置等方面，都起到了极其重要的作用。

## （二）　四象

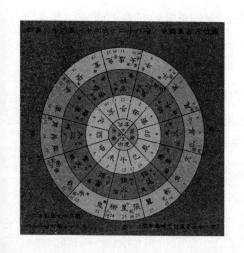

"四象"一词最先出自《易·系辞》，"太极生两仪，两仪生四象"，四象即太阳、太阴、少阴、少阳。但古代天文学中"四象"与《易》中的概念完全不同。它指二十八个星宿中东南西北各有七宿，每个七宿联系起来很像一种动物，合起来有四象。

例如，东方有角、亢、氐、房、心、尾、箕七宿，角像龙角，氐、房像龙身，

尾像龙尾，把它们连起来像一条腾空飞跃的龙，因此古人称东方为"青龙"；南方的井、鬼、柳、星、张、翼、轸七宿连起来像一只展翅飞翔的鸟，柳为鸟嘴，星为鸟颈，张为嗉，翼为羽，因此先人称南方为"朱雀"；而北方的斗、牛、女、虚、危、室、壁七宿，像一只缓缓而行的龟，因位于北方称之为"玄"，因其身上有鳞甲，故称为"武"，合起来称为"玄武"；西方有奎、娄、胃、昴、毕、觜、参七宿，像一只跃步上前的老虎，称之为"白虎"。这四种动物的形象，称为"四象"，又称"四灵"，分别代表东南西北四个方向。

古人观测星象与今天有所不同，他们并不侧重于单颗星，而是更注重整体上由某些星组成的象，这些星最终被连接起来，形成各种常见的图案。因而天文最初的含义就是天象。所以四象虽然表面上是四组动物的形象，其实只是由众多星象构成的图像而已。

1. 青龙

青龙原为古老神话中的东方之神，道教东方七宿星君、四象之一，为二十八宿中的东方七宿，其形像龙，位于东方，属木，色青，总称青龙，又名苍龙。《太上黄箓斋仪》卷四十四称其为"青龙东斗星君"："角宿天门星君，亢宿庭庭星君，氐宿天府星君，房宿天驷星君，心宿天王星君，尾宿天鸡星君，箕宿天律星君。"《道门通教必用集》卷七记载了它的形象："东方青龙，角亢之精，吐云郁气，喊雷发声，飞翔八极，周游四冥，来立吾左。"

2. 朱雀

朱雀是古老神话中的南方之神，道教南方七宿星君、四象之一，为二十八宿的南方七宿，其形像鸟，属火，色赤，总称朱雀，又叫做"朱鸟"。《太上黄箓斋仪》称"南方朱雀星君"为："井宿天井星君，鬼宿天匮星君，柳宿天厨星君，星宿天库星君，张宿天秤星君，翼宿天都星君，轸宿天街星君。"它的形象是："南方朱雀，从禽之长，丹穴化生，碧雷流响，奇彩五色，神仪六象，来导吾前。"

### 3. 玄武

玄武是古代神话中的北方之神，道教北方七宿星君、四象之一，为二十八宿的北方七宿，其形像龟，也有人认为是龟蛇合体，属水，色玄，总称"玄武"。《太上黄箓斋仪》中的记载是："斗宿天庙星君，牛宿天机星君，女宿天女星君，虚宿天卿星君，危宿天钱星君，室宿天廪星君，壁宿天市星君。"它的形象是："北方玄武，太阴化生，虚危表质，龟蛇台形，盘游九地，统摄万灵，来从吾右。"

### 4. 白虎

白虎是古老神话中的西方之神，道教西方七宿星君、四象之一，为二十八宿的西方七宿，其形像虎，位于西方，属金，色白，总称白虎。《太上黄箓斋仪》卷四十四称之为"白虎西斗星君"："奎宿天将星君，娄宿天狱星君，胃宿天仓星君，昴宿天目星君，毕宿天耳星君，觜宿天屏星君，参宿天水星君。"《道门通教必用集》卷七描述其形象为："西方白虎，上应觜宿，英英素质，肃肃清音，威摄禽兽，啸动山林，来立吾右。"

后来，四象在中国神话中逐渐演变。青龙和白虎在民间故事中降生为人间大将，生生世世互为仇敌，但一直是白虎克青龙，它们最后演变成了道观门神。朱雀几乎在神话中消失了，只有玄武发展成了神话中的九天大神。

## （三）占星

在东西方的远古时期，由于时代和人们认知水平的局限，普遍存在着对上天的崇拜，因此占星在天文学中占有很大的比重。与西方占星学相比，中国的占星学并不完全根据星座等来预测人的一生命运，它更侧重于把各种奇异天象看做是天对人间祸福吉凶发出的吉兆或警告。因此，中国的占星学多为统治者所利用，在中国古代，拥有沟通天地人神，也即通天的能力，被认为是能够得到王

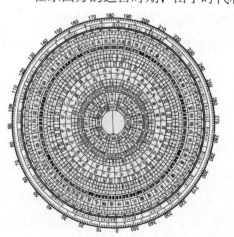

权的象征，如皇帝自称天子，就是上天之子，可以直接与天沟通。而最直接的通天手段，就是占星学。

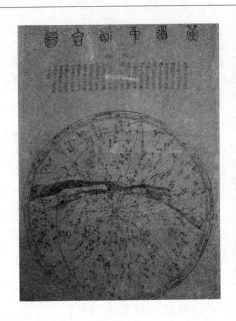

中国古代的占星学主要有两种类型，一类是"军国占星学"，即专以战争胜负、谷物收成、王朝兴衰等国家大事为占测对象的占星学；另一类则是"生辰占星学"，是根据个人生辰时的天象以占测其人一生的凶吉祸福的占星学。在中国古代，产生并发展运作了两千年以上的占星学体系，正是军国占星学。

古代占星学完全属于官府，是政府设立的天文机构的重要工作内容。古代的天文学家绝大多数是占星家，早期的天文著作也大多带有占星学的因素。现存古代占星书主要有唐代李淳风的《乙巳占》、瞿昙悉达的《开元占经》，北宋王安石重修的《灵台秘苑》以及明代的《观象玩古》。实质上在古代中国的天文学中，占星学占据了最主要的地位，因此天文学的政治、文化功能，在很大程度上也就是占星学的政治、文化功能。

中国占星学诞生于黄帝之时，黄帝通过对天空的观察，在忠臣岐伯的帮助下，确定了阴阳、五行、十方和十二宫的完整体系。传说他在公元前 2637 年就确定了历法的开端，这种按照由月球确定的月份和重叠的年份周期建立起来的历法是非常准确的，因此一直有效。天宫图与生活的各个方面都密切相关。公元前 3 世纪，中国哲学家邹衍把这些学说应用到政治方面，断定朝代都受本原（火、土、风和水）的控制，政府应该听从神谕并与天体的规律保持一致，否则政权就会被推翻。

我国古代占星家利用天象变化来占卜人间的吉凶祸福，称作分野。我国古代占星学认为，地上各周郡邦国和天上一定的区域相对应，在该天区发生的天象预兆着各对应地方的吉凶，其所反映的分野大体以十二星次为准。占星学中最基本的信念是"天垂象，见吉凶"—上天显现各种不同的天象以昭示人事的吉凶。但是天下之大，郡国州县繁多，天上出现的天象到底应该预示哪一个区域的吉凶呢？因此必须将天上星空区域与地上的国州地区建立起某种互相对应

164

的法则。这种天地对应的法则称为分野理论。分野大约起源于春秋战国。最早见于《左传》《国语》等书。分野理论首先要确定对天区的划分。在中国古代占星学中，主要使用"三垣二十八宿"与"十二次"两套体系。与三垣二十八宿不同，十二次是对周天进行均匀划分的。前者已在上一节详述，后者略述于此：

十二次常用十二地支来表示，但每一次又有自己的名称，对应如下：

寿星辰、大火卯、析木寅、星纪丑、玄枵子、娵訾亥、降娄戌、大梁酉、实沈申、鹑首未、鹑火午、鹑尾巳

分野之说中，十二次与二十八宿对应的体系是主流，但还有一些其他体系。比如《乙巳占》卷三引《诗纬·推度灾》中的所谓"国次星野"。

郦国：天汉之宿。

卫国：天宿斗衡。

王国：天宿箕斗。

郑国：天宿斗衡。

魏国：天宿牵牛。

唐国：天宿奎娄。

秦国：天宿白虎，

气生玄武。

陈国：天宿大角。

邻国：天宿招摇。

曹国：天宿张弧。

又如《开元占经》卷六十四引《荆州占》有"正月周，二月徐，三月荆，四月郑，五月晋，六月卫，七月秦，八月宋，九月齐，十月鲁，十一月吴越，十二月燕赵"之说，称为"月所主国"，将月份与地区对应。这些都是主流的分野之说。

分野的理论能够应用在占卜王朝的兴衰上，这对古人来说是很有用的。例

如，殷人是《国语》中所记载的高辛氏的两个儿子中的阏伯的后裔。商纣王在位时出现五星聚于房的天象，这是更朝换代的大凶之兆，预示着殷商即将灭亡。而殷人的凶兆也就是周人兴起的吉兆，这五星聚于房，也就成为周取代商建立新王朝的预兆了。又如，刘邦至灞上，预示着秦当灭、刘汉当兴，

因为秦建都在咸阳，以雍州之三秦为秦的基地，当天空出现五星聚于东井之时，东井的分野正是雍州秦国，这个大凶之兆正是预示着秦当亡、刘汉当兴。

占星对中国古代的国家大事的确定和执行有着重要的作用，现在的人们甚至难以想象其重要程度。如《汉书·赵充国传》中记载，汉宣帝神爵元年（前61年），老将赵充国受命攻打西羌，不久宣帝又为他增派援兵，催他尽快进对羌开战，诏书中说：

"今五星出东方，中国大利，蛮夷大败。太白出高，用兵深入敢战者吉，弗敢战者凶。将军急装，因天时，诛不义，万下必全，勿复有疑。"

中国古代一直信奉"国之大事，在祀与戎"，对外用兵，是一个国家最重要的大事之一，汉宣帝竟然用"五星出东方"和"太白出高"两天象为理由，命令将军出征。这在今天看来是一件很荒谬的事，但这对古人来说，出征是利用占星得到的上天的指示和命令，如果不顺应天意的话就会遭受苦果。由此可见，占星在古代政治中的地位无可替代。

## （四）行星

在广袤的天空中，群星闪耀。其中有五颗星显得十分特别，它们并不像恒星那样固定在星空中不动，而是在不断地移动，这几颗星也就是太阳系中的五大行星—水星、金星、火星、木星和土星。它们在天幕中异常明亮，很早就引

起了古人的注意。《诗经》中就有"东有启明，西有长庚""明星有灿"等描写行星的优美诗句。实际上，行星本身一般不发光，它们是以表面反射太阳光而发亮的。在古代，人们对行星的认识还有哪些呢？这可以从对五大行星的命名中略知一二。

水星是五大行星中距离太阳最近的行星。我国一般将一周天分为十二辰，每辰是30度。在地球上用肉眼观测，水星总在太阳两边30度以内的范围摆动，所以人们把水星称为"辰星"。金星的命名源于它呈青白色，亮度大，十分耀眼，故称之为"太白"，有时在日出或黄昏时分仍然能够在天空中看见它，这种现象被称为"太白昼见"。火星又叫"荧惑"，源于它包红如火，像神火一样飘忽不定。火星离地球近，因而其运动显得十分迅速，光度变化大，运行的形态也是错综复杂。而木星自西向东在恒星间移动，运行一周天需十二年，因此可以用来纪岁，故被称为"岁星"。这五颗星移行一周天大约需要二十八年，每年在二十八星宿的不同位置出现，就像轮流坐镇或填充在二十八星宿中一样，所以又被称为"镇星"或"填星"。

我国早期对行星观测留下的史料并不多，这使我们对西汉以前行星观测的情况知之甚少。但1973年时，在湖南长沙马王堆三号汉墓中出土了一批很有价值的帛书，上面有六千字记述了五大行星的运动，人们将这本书命名为《五星占》，据考证它成书的年代至少在公元前170年以前。《五星占》中详细地记载

了金、木、水、火、土等行星运行情况，特别是列举了从秦王嬴政元年（公元前246年）到汉文帝三年（公元前177年）的情况，具有很大的研究价值。

五大行星在恒星背景下的运动轨迹非常复杂，这是由地球、太阳和行星三者的位置关系决定的。我们生活的地球像其他行星一样，沿着椭圆轨道绕太阳运行。而五大行星也按照自己不同的轨道，以不同的速度绕太阳公转，所以从地球上看去，以恒星为参照背景的行星的运动路径就有顺行（自西向东）、逆行（自东向西）等不同的现象。尽管古人不能解释行星为什么这样运动，但他们也并不注重对行星运动规律的掌握。与此相比，古人更重视对行星天象的观测。在中国古代历法和一些重要的占星著作中，关于行星的内容总是占了很大篇幅。

行星的运动曲线虽然复杂多变，但只要坚持长期观测，就不难掌握其运动规律。人们为了描述行星运动时呈现的各种天象，使用了"入""出""顺""逆""留""合""伏""守""犯"等等术语。行星在恒星背景下运行一周，会形成一条封闭的曲线。这条曲线有三种特征的天象，分别叫做"顺行""逆行"和"留"。并且行星在运行一周的过程中，总有一次（木、土、火三星）或两次（金、水二星）进入太阳的光芒中，这就是"伏"；在"伏"这个阶段中有一个时刻行星与太阳二者在黄经上处于相同的位置，这叫做"合"。中国古代历法将"合"作为一个行星运动周期的起点，两次"合"之间的时间间隔叫做一个会合周期。通过长期观测，古人使用求平均值的方法，求得了比较精确的行星会合周期。

# 四、古代历法

我们知道真正意义上的科学的计时方法都源于天文。古人们经过长期的精心观测后发现，不同天体在天空中的位置变化是有着各自的规律的，而天体在天空中的位置变化也意味着时间的变化。依据这一点人们第一次找到了确定时间的准确标志，通过观象授时活动，使得古代的计时制度一步步地发展了起来。

## （一）历法的一些基本概念

中国古代的传统历法属于阴阳合历。所谓阴阳合历，其实是一种兼顾太阳、月亮与地球关系的历法。朔望月是月亮围绕地球的运转周期，而回归年则是地球围绕太阳的运转周期。由于回归年的长度约为365.2422日，而十二个朔望月的长度约为354.3672日，与回归年相差约10日21时，所以同时需要设置闰月来调整二者的周期差。

中国古历的基本要素包括日、朔、气，下面简要介绍一下回归年、朔望月和二十四节气。

### 1. 回归年

早在远古时代人们就发现，作物的枯荣、候鸟的迁徙无不与气候的凉暖变化有关。而这个凉暖变化的周期大约是365天，因此人们在"日"这个概念的基础上引用了"年"这个概念。而回归年就是指太阳直射方向从北回归线到下一次再直射北回归线（或者从南回归线到下一次再直射南回归线）所经历的时间。天文学上严格的定义是太阳连续两次经过春分点（或秋分点）的时间间隔，称作回归年。根据天文观测结果，一个回归年的长度约为365.2422日，即365天5小时48分46秒。

**2. 朔望月**

我们知道月亮围绕着地球终日不息地旋转，而且月亮本身并不发光，它只反射太阳光。对于地球上的观测者而言，随着太阳、月亮、地球三者相对位置的变化，在不同的日期里，月亮就会呈现出不同的形状，这就是月相，而这些月相经历了朔、上弦、望、下弦的演变周期。天文学上规定，从朔到朔，或从望到望的时间间隔称为"朔望月"，一个朔望月的平均长度约为 29.5306 日。

**3. 二十四节气**

在我国有一首广为流传的歌诀：

春雨惊春清谷天，

夏满芒夏暑相连，

秋处露秋寒霜降，

冬雪雪冬小大寒。

这就是"二十四节气"歌诀。这一歌诀是人们为了记忆二十四节气的顺序，各取一字缀联而成的。下面我们具体谈谈这二十四节气。

二十四节气即立春、雨水、惊蛰、春分、清明、谷雨、立夏、小满、芒种、夏至、小暑、大暑、立秋、处暑、白露、秋分、寒露、霜降、立冬、小雪、大雪、冬至、小寒、大寒。

这二十四节气按顺序逢单的均为"节气"，通常简称为"节"，逢双的则为"中气"，简称为"气"，合称为"节气"。二十四节气是根据地球绕太阳运行的360度轨道（黄道），以春分点为0点，以15度为间隔分为二十四等分点，每个等分点设一专名，含有气候

变化、表征农事等意义。我们按照二十四节气的名称可以将其分为四类。第一类是表征四季变化的，有立春、春分、立夏、夏至、立秋、秋分、立冬、冬至；第二类是表征冷暖程度的，有小暑、大暑、处暑、小寒、大寒；第三类是表征降雨量多少的，有雨水、谷雨、白露、寒露、霜降、小雪、大雪；第四类是表征农事的，有惊蛰、清明、小满、芒种。

节气虽属阳历范畴，但是它与阴历系统中的朔望月配用是中国阴阳历的一大特点。

4. 置闰和岁差

在中国的古代历法系统中还有一个重要的内容就是闰月的设置和岁差，下面也做简单介绍。

朔望月的平均值为29.5306日，比两个中气之间的间隔要短约一天。如果第一个月的望日正值中气，那么三十二个月后两者差值的累计将会超过一个月，因此会出现一个没有中气的月份，这个月份使得本来属于这个月份的中气推移到了下一个月份，此后，其他月份的中气也将一一推移。这个月份一般出现在第十六个月前后。为了避免这种情况，古代的天文学家将这个月设为闰月。而农历的历年长度是以回归年为准的，但是一个回归年比十二个朔望月的日数多，比十三个朔望月短。为了协调这种矛盾，古代的天文学家采用十九年七闰的方法：在农历十九年中，有十二个平年，每一平年十二个月；有七个闰年，每一闰年十三个月，其中包含一个闰月。

所谓岁差是指太阳从某年的冬至点出发，在黄道上运行至下一个冬至点时，

并没有走满 360 度，其间有一个微小的差数，这一段小小的差数被称为岁差。

晋代著名的天文学家虞喜把自己潜心观测中星的成果与前人的观测记录进行了比较，发现冬至当日，不同的时代黄昏时分出现于天空正南方的星宿有明显的差异，他正确地解释了这一现象。他认为这是由于太阳在冬至点连续不断地西退而引起的，他把这种每隔一岁、稍微有差值的现象叫做岁差。祖冲之在《大明历》中提出岁差值为每 45 年 11 个月退行一度。

## (二) 天干地支和生肖

干支起源于什么时候，现在还不能作出确切的回答，但是关于干支的记录以前就有了。在河南省安阳市的殷墟遗址中出土的殷墟甲骨卜辞中就载有大量用于纪日的干支记录，这说明干支的产生比殷商更早，或是同一时期。对此，这里不作较深入的探讨，更多地注重对于干支的介绍。

### 1. 干支

干支是天干和地支的总称。天干共十个字，因此又称为"十天干"，其排列顺序为：甲、乙、丙、丁、戊、己、庚、辛、壬、癸；地支共十二个字，排列顺序为：子、丑、寅、卯、辰、巳、午、未、申、酉、戌、亥。同样按其顺序，天干中逢双，即甲、丙、戊、庚、壬为阳干；逢单，即乙、丁、己、辛、癸为

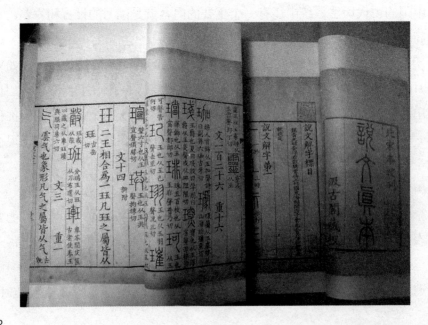

中国古代天文历法

阴干。地支中子、寅、辰、午、申、戌为阳支，丑、卯、巳、未、酉、亥为阴支。根据《史记·律书》《释名》和《说文解字》等书的释义，干支名称的含义分别是：

干者犹树之干也。

甲：草木破土而萌芽之时；

乙：草木初生，枝叶柔软屈曲之时；

丙：万物沐浴阳光之时；

丁：草木成长壮实之时；

戊：大地草木茂盛繁荣之时；

己：万物抑屈而起，有形可纪之时；

庚：秋收之时；

辛：万物更改，秀实新成之时；

壬：阳气潜伏地中，万物怀妊之时；

癸：万物闭藏，怀妊地下，揆然萌芽之时。

支者犹树之枝也。

子：万物孳生之时；

丑：扭曲萌发之时；

寅：发芽生长之时；

卯：破土萌芽之时；

辰：万物舒伸之时；

巳：阳气旺盛之时；

午：阴阳交替之时；

未：尝新之时；

申：万物成体之时；

酉：万物成熟之时；

戌：万物衰败之时；

亥：万物收藏之时。

这些释义表明了天干是一年中十个时节的物候，地支则表示一年中植物生长发育的十二个时节。

以一个天干和一个地支相配，天干在前，地支在后，天干由甲起，地支由子起，阳干对阳支，阴干对阴支，这样的组合共有六十对，可以不重复地记录六十年，六十年以后再从头循环，这样得到了一个以六十年为周期的甲子回圈，称为"六十甲子"。我们可以用这种方法来纪年，称为干支纪年法。

干支纪日的方法与干支纪年的方法一样，每天用一对干支表示，每六十天为一个周期，由甲子日开始，按顺序先后排列。

干支也用来纪月，但是纪法与纪年和纪日不同。首先每个月的地支固定不变，正月为寅，二月为卯，依顺序排列，十二月为丑。其次，天干在分配时要考虑当年的天干，其对应关系是：当年天干是甲或己时，正月的天干就是丙；当年天干是乙或庚时，正月的天干就是戊；当年天干是丙或辛时，正月的天干就是庚；当年天干是丁或壬时，正月的天干就是壬；当年天干是戊或癸时，正月的天干就是甲。有一首歌诀可以帮助我们记忆这个规律：

甲己之年丙作首，乙庚之岁戊为头；丙辛必定寻庚起，丁壬壬位顺行流；更有戊癸何方觅，甲寅之上好追求。

2. 生肖

利用十二地支纪年、纪月、纪日固然方便，但是却不便于记忆，为了克服这个不便，人们创立了以鼠、牛、虎、兔、龙、蛇、马、羊、猴、鸡、狗、猪这十二个具有实感的常见动物来代替十二地支，即十二生肖。

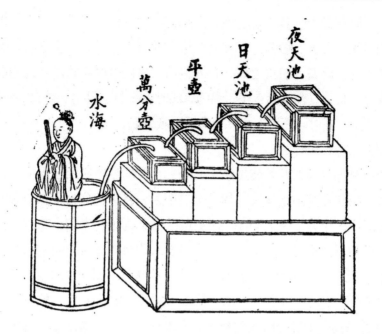

有关十二生肖的起源及其排列顺序的定型古代文献中都没有明确的记载。王充的《论衡·物势》中记载："寅，木也，其禽，虎也。戌，土也，其禽，犬也……午，马也。子，鼠也。酉，鸡也。卯，兔也……亥，豕也。未，羊也。丑，牛也……巳，蛇也。申，猴也。"这段文字中，十二生肖动物谈到了十一种，唯独缺了辰龙，而在该书的《言毒篇》中又有："辰为龙，巳为蛇。"这样十二生肖便齐了。这是古文献中关于生肖的较早的最完备的记载。而关于十二生肖最早的记载见于《诗经》，《诗经·小雅·吉日》里有"吉日庚午，即差我马"八个字，意思是庚午吉日时辰好，是骑马出猎的好日子，这里将午与马作了对应。可见在春秋前后，地支与十二种动物的对应关系就已经确立并流传。

## （三）纪时制度

纪时制度是以某时间为起点将一昼夜划分为多少段的方法。中国古代为人们所熟悉的纪时制度是十二时辰制、漏刻制和五更制。在西汉中期以前，通用的是一种天色纪时法，即十六时制纪时法。

### 1.十六时制纪时法

古人主要依据天色将一昼夜划分为若干段。一般将日出时叫做旦、早、朝、晨，日入时叫做夕、暮、昏、晚，太阳正中叫中日，将近中日时叫隔日，太阳西斜叫做昃。古人一般是一日两餐，早餐在日出之后，隔中之前，这段时间叫食时或蚤时，晚餐在日昃之后，日入之前，这段时间叫晡时。人们以这些时刻为分界点，将一昼夜分为夜半、鸡鸣、晨时、平旦、日出、蚤食、食时、东中、日中、西中、晡时、下晡、日入、黄昏、夜食、入定。

2. 十二时辰纪时法

春秋时期，人们开始将历法上的十二个月的名称应用在天文上，具体的设想是太阳每年在黄道上运行一周是十二个月，将黄道分为十二个天区，则每一个天区对应一个月。将太阳冬至所在的天区称为子，太阳十二月所在的天区称为丑，以后以此类推。地球的自转会引起太阳沿赤道自东向西的昼夜变化，古人设想将天赤道所在的方位也划分为十二个天区，北方为子位，南方为午位，东方为卯位，西方为酉位，那么太阳将一昼夜运行十二个方位后回到原位。于是产生了一昼夜十二个时辰的概念，一个时辰对应太阳在天赤道的一个辰位。这十二个时辰排序为子、丑、寅、卯、辰、巳、午、未、申、酉、戌、亥，其中子时对应二十三点到凌晨一点，丑时对应凌晨一点到凌晨三点，以后以此类推。

随着科学技术的进一步发展，以十二时辰作为纪时制度的体制已经不能满足人们的要求了。故而人们开始寻求改进的方法，以便将其分得更细一些。最初人们将一个时辰一分为二，在十二时辰名中间插入甲、乙、丙、丁、庚、辛、壬、癸八个天干和艮、巽、坤、乾四个卦名，合计二十四个小时名。由于这些天干名称和卦名不便于记忆，也不如干支那么协调，唐代的时候，天文学家就采用了将每一个时辰分为初、正两个部分的方法。例如子初开始于二十三点，子正开始于零点，午初开始于十一点，午正开始于十二点。这样也就形成了中国古代的二十四时制。

### 3. 漏刻纪时法

前面说了十二时制是依据太阳的方位来判断时间的，但是这对于普通百姓而言不易准确判断，故而人们又发明了用漏刻来计时的方法。

漏刻计时法将一昼夜分为 100 刻，夏至时白天 60 刻夜晚 40 刻，冬至时白天 40 刻夜晚 60 刻，春分、秋分昼夜平分各 50 刻。漏刻计时法的使用方法是：白天开始时将漏壶装满水，在水面上放置一根漂浮的带刻度的箭，随着漏壶中水的下漏，箭便慢慢下沉，从漏壶口读出各个时刻箭上的刻数，这样就得到了具体的时间。当夜晚来临时，不管漏壶中的水是否漏尽，都要重新加满水起漏。通常将一根箭的刻数在中间做上标记，如此一分为二，在报时时称为：昼漏上水几刻，昼漏下水几刻；夜漏上水几刻，夜漏下水几刻。

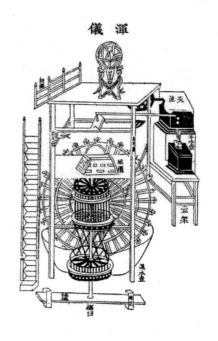

渾 儀

### 4. 更点制度

俗话说："一更人，二更锣，三更鬼，四更贼，五更鸡。"对于这句俗语我们并不陌生。古代的更点制度是用于夜间报时的。古人把一夜分为"五更"，因为夜间时刻随着季节而变化，所以每更每点的时间是不固定的，但是五更的起始时刻是黄昏，终止时刻是平旦，这是不变的。

## （四）古代良历

自从有文字记载的历日起，在之后的三四千年时间里，中国一直采用自己独特的历法系统。中国古代历法涉及的内容比较多，不仅要推算和安排年、月、日，置闰，还要推算二十四节气，测量日夜长短的变化、正午日影的长度，此外还要计算日、月、五星的运动和位置，测定日、月食等等。据统计中国编算的历法约有一百余种，在此不可能一一叙述，仅介绍几部具有代表性的历法。

古代天文历法

### 1.《太初历》

《太初历》是我国自有科学历法以来，第一部有完整资料的传世历法。秦始皇统一中国后采用古六历中的《颛顼历》，西汉王朝建立后，沿用了秦代的各项制度，历法也采用《颛顼历》，这种历法行用一百多年后误差渐渐变大，预报的朔日却能看见月亮，明显与天象不符。修改历法或者重新编纂历法迫在眉睫。

《太初历》规定以正月为岁首，解决了秦及汉初《颛顼历》将十月作为岁首与人们日常生活不协调的矛盾。首次引入了中国独创的二十四节气，并规定以无中气之月为闰月。在它以前的历法一般采用岁终置闰法，如十三月、后九月等，这种置闰的方法不便于推算季节。采用无中气置闰法后，可以将春分、夏至、秋分、冬至等中气固定在二、五、八、十一月，体现了历法直接为农业生产服务的精神。该历还第一次计算了日月交食周期，即日、月食发生的周期，发现 135 个朔望月中，有 23 个"食季"，每个食季中可能发生 1-3 次日食或月食。这些科学测算得到的结论相对于当时人们认为日、月食是灾害预兆来讲，是科学战胜迷信的开始。《太初历》的编纂推动了中国历法的发展，在编纂史上所占的地位也得到了世人的公认，是一部优秀的历法。

### 2.《大明历》

《大明历》是南北朝时期一部比较有影响的历法，它是由著名天文学家祖冲之创制的。祖冲之在认真研习前代历法的基础上，运用他坚实的数学功底，

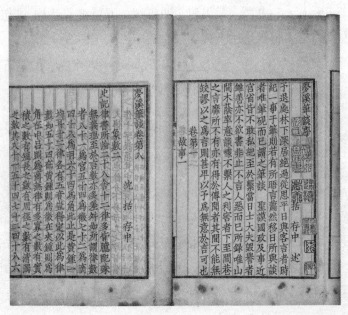

把所得的实测数据归算后，得出了前人未有的结论。《大明历》中有很多创新之处。第一，《大明历》首次将岁差引入了历法，使回归年（周岁）和恒星年（周天）得以区别开来。按照现代天文学理论计算，回归年要比恒星年短20分24秒，《大明历》中提出了每45年11个月退行一度的岁差值，虽然这个值很粗糙，但其首次将岁差引入了历法的功劳却不容忽视。从此以后岁差成为历法计算中不可缺少的内容之一。第二，《大明历》中采用了391年设置144个闰月的新闰法，这一闰法要比19年7闰和600年221闰更为准确和合理。第三，《大明历》中所采用的基本数据都比较准确。如首次采用的交点月数值为27.21223日，与今测值27.21222日只差十万分之一日；近点月数值为27.554688，与今测值27.554550相差十万分之十四日；回归年长度值为365.24281481日，与现在的测量值相差万分之六日；五星会合周期值也比以往历法更为精密。在当时的科技条件下能达到这样的精度是难能可贵的。祖冲之虽然编写了《大明历》，但是遭到朝廷显贵、刘宋孝武帝宠臣戴法兴的激烈反对，到祖冲之离开人世之时，《大明历》也没有颁行。直到梁武帝天监九年（510年），在祖冲之之子祖暅的再三请求下，经过与实际天象校验后，《大明历》才被予以正式颁行，但这时距《大明历》编成已近五十年了。

　　3.《大衍历》

　　《大衍历》是由唐代著名天文学家一行（本名张遂）所撰。唐开元初年一直沿用李淳风的《麟德历》，这种历法沿用了近五十年后，在许多方面都出现了较大的误差，几次预报的日食都不准确。唐开元九年（721年），玄宗帝命精通数理天文的一行主持修订新历法。为编制历法，一行等着手进行了大量的准备工作。首先为准确地测定日、月、五星在各自轨道上的位置，一行与梁令瓒合作设计制造了黄道游仪。这架仪器是当时最为先进的观天仪器，比东汉傅安等制造的黄道铜候仪要精密得多，人们可以用这架仪器直接测量日、月、五星的位置，减少了计算误差。其次一行等人还对多颗恒星的位置进行了重测，同时还描绘了大量的星图作为记录，在星图的画法上也有所创新。同时在全国十三个地点设立观测站，用以测量北极出地高度，冬夏至、春秋分日影的长度，所测的结果都为新历的编制奠定了坚实的基础。

《大衍历》是一部比较成熟的历法，被后人誉为唐历之冠。在中国古历中有关测算日、月、五星各种周期的天文常数，计算日、月、五星运行的方法，以及利用这些常数和方法推算天体运动并将天体运动的规律汇编成表格，这一系列的方法都是至《大衍历》时才发展完备、慢慢成形的。一行将《大衍历》分为"历议"和"历术"两大部分，不像前代历法那样内容较为混乱。"历议"为讲述历法的基本理论，"历术"则讲述具体的计算方法。根据计算的内容不同将"历术"分为"步中朔"等七篇：即"步中朔"，计算节气和朔望的平均时

间；"步发敛"，计算七十二候；"步日躔"，计算太阳的运动和位置；"步月离"，计算月亮的运动和位置；"步晷漏"，计算晷影的变化和昼夜时刻的变化；"步交会"，计算日、月食的周期；"步五星"，计算水、金、火、土、木五大行星的运动及其位置。

4.《十二气历》和《天历》

《十二气历》是北宋科学家沈括在《梦溪笔谈》中提出的一部具有革命性的历法。我国古代一直沿用阴阳合历，历中规定一年十二个月与春、夏、秋、冬四季相配，每季三个月，如果遇到闰月，则这个季为四个月；同时将立春、立夏、立秋、立冬作为四季的开始。但是这两种规定中存在矛盾，虽用闰月加以调节，但节气和月份的关系并不完全固定，于是沈括提出一套完全按节气来制定的历法—《十二气历》。

《十二气历》将一年分为十二气，每年分为四季，每季分孟、仲、季三个月，月份按照节气来规定，立春之日为元旦，即孟春（正月初一），惊蛰为仲春（二月初一），依此类推。大月 31 天，小月 30 天，大小月相间，虽有时有"两小相并"的情况，但是一年也不过一次，有"两小相并"的年为 365 天，没有"两小相并"的年为 366 天。因月亮的月相变化与季节无关，只需在历书上注明"朔""望"作为参考就行了，例如孟春小，一日壬寅，三日望，十九日朔的写法。《十二气历》既能与天象很好地配合，又利于农事生产活动，安排得十分科学。但阴阳历在我国行用了几千年，沈括的《十二气历》从根本上抛弃了阴阳合历，必然要遭到一些顽固势力的反对。因此《十二气历》提出后并没有被颁行，但他坚信"异时必有用予之说者"。目前世界各国通用的公历采用的都是纯阳历，这也证实了沈括的科学预言。

《天历》是太平天国革命运动时期提出的，在中国历法编纂史上占据独特的位置。《天历》在颁布之初就明确提出它的指导思想是"便民耕种，农时为正"。它与800年前沈括提出的《十二气历》均采用纯阳历。

《天历》于咸丰元年（1851年）颁行，只行用了14年，它规定一年为366日，分为12个月，单月31日，双月30日，大小月相间，不设闰月，不计朔望，每月月初为节气，月中为中气，立春之日为元旦，而且《天历》中还沿用了古代历法中较为科学的干支纪年、纪月、纪日法。

5.《授时历》

《授时历》是元代著名天文学家王恂、郭守敬等人编纂的，至元十八年（1281年）起颁行。而且明代施行的《大明历》实际上也是《授时历》，只不过是修改了历元，变更了体例，因此我们说《授时历》前后共施行了364年。《授时历》是中国历史上行用最久、最为精良的一部历法。

元朝初年还沿用金朝的《大明历》，但是该历行用多年后，误差渐渐变大，本该出现日、月食的日子里却没有出现日、月食的现象时有发生。元朝灭了南宋，统一了中国后，元世祖忽必烈就下令成立太史局，编纂新历法。太子赞善王恂精通算学，负责历算，郭守敬负责仪器的制造和测量。他们以实测为基础，围绕着制历进行了一场空前规模的天文活动。

郭守敬等认为"历之本在于测验，而测验之器莫先仪表"，就是说治历的根本在于运用精良的仪器进行实际观测。郭守敬亲自研制了近二十种天文仪器，其中包括简仪、仰仪、景符等一些独具新意，既实用又简便的仪器，这些仪器的制造水平在世界上都堪称一流，郭守敬也被称为"中国的第谷"。同时郭守敬等还发起了中国历史上空前规模的天文大地测量工作，南起南海，北至北海，

在南北长一万一千里，东西绵延六千余里的
广阔地带建立了二十七个观测站，用以准确
测定历法中的基本天文常数，如冬至时刻、
黄赤交角（黄赤交角就是黄道平面与赤道平
面的交角）、二十八宿距度等等。除了亲自
研制天文仪器，从事实际观测获取第一手实
测数据外，郭守敬、王恂等还仔细研究了自
汉以来四十多家历法，一一分析它们的利
弊，取其精华，去其糟粕，历经三年半的时

间完成了这部里程碑式的新历法。该历法由元世祖忽必烈取自《尚书·尧典》中
"敬授民时"一语，亲自将其命名为"授时历"，可见元朝对这部历法是相当重
视的。在此之后不长的一段时间里，王恂去世，留下了大批有待整理和汇集的
原始资料，而历法的文字和数表也还没有定稿，这个重任就落在了郭守敬一人
的肩上。又用了约四年的时间，郭守敬潜心编纂了有关《授时历》的五部著作：
即《推步》七卷、《立成》二卷、《历议拟稿》三卷、《转神选择》一卷、
《上中下三历注式》十二卷，在之后的时间里他又将有关天文仪器的结构、观测
记录的数据和方法等分别整理为九本专著，存于元代司天台内。郭守敬等在编
纂《授时历》的过程中，还创立了招差法和弧矢割圆法这两种先进的数学方法，
这对我国宋元时代数学的发展亦起到了很大的推动作用。

可以说，《授时历》是中国历法史中最为优秀的一部历法。

古代天文历法

# 五、杰出的古代天文学家

天文的发展、历法的制定都离不开天文学家的努力和创新。下面简要介绍一些前面涉及到的天文学家。

## （一）祖冲之

祖冲之，南北朝刘宋元嘉六年（429 年）生于建康（今南京），卒于萧齐永元二年（500 年），是中国南北朝时期杰出的数学家和天文学家。其祖父掌管土木建筑，父亲学识渊博。祖冲之从小接受家传的科学知识，青年时进入华林学省，从事学术活动。他"专攻数术，搜炼古今"，对刘歆、张衡、郑玄、刘徽等人的学术成果作了

认真的研究。

祖冲之的学术成就是多方面的。在天文学方面，33 岁时他创制了《大明历》，首次将岁差改正引入了历法，是中国历法史上的一次重大改革。他在《大明历》中采用了 391 年中有 144 个闰月的新闰周，打破了 19 年 7 闰的旧历法，使新历更为精密。他还研究了圭表日影长度的变化规律，发明了利用冬至日前后若干天影长对称的关系推算冬至日时刻的新方法，这个方法为后世长期采用。《大明历》中使用的回归年、交点月和五大行星会合周期等数据大多相当精确。他的数学著作《缀术》曾作为唐代国子监的数学教科书流行于世，他在世界数学史上第一次将圆周率（$\pi$）值计算到小数点后七位，即 3.1415926–3.1415927 之间。他提出约率 22／7 和密率 355／113，这一密率值是世界上最早提出的，比欧洲早一千多年。在机械方面他曾设计制造了水碓磨、铜制机件传动的指南车和能日行百里的千里船。他在音乐、哲学和文学方面亦有很深的造诣。

中国古代天文历法

## （二）一行

一行，原名张遂。魏州昌乐（今河南南乐）人。生于唐弘道元年（683年），卒于玄宗开元十五年（727年）。是中国唐代著名的天文学家和佛教高僧。其曾祖是唐太宗李世民的功臣张公谨。

张遂青年时博览经史，尤其是历象和阴阳五行之学，以学识渊博闻名于长安。他不愿与武则天侄子武三思为伍，剃度为僧，取名一行。先后在嵩山、天台山学习佛教经典和天文数学，曾先后翻译过多种印度佛经。

在实际测验的基础上，一行从开元十三年（725年）起，历经两年编成了《大衍历》初稿二十卷。此时一行逝世，赐谥号"大慧禅师"。在《大衍历》中，一行基本正确地掌握了太阳周年视运动不均匀的规律，并在数学上发明了不等间距二次差内插法，对太阳视运动的不均匀性加以改正，还以定气为基准编算了太阳运动表。

## （三）沈括

沈括，字存中，钱塘（今杭州）人。生于宋仁宗天圣九年（1031年），卒于宋哲宗绍圣二年（1095年）。是北宋时期著名的科学家，同时还是一位杰出的政治家，曾积极参与了王安石的变法运动。

沈括出身士大夫家庭，自幼勤学好问，对天文、地理等有着浓厚的兴趣。少年时代他随做泉州州官的父亲在福建泉州居住多年，当时的一些见闻，均收入《梦溪笔谈》。33岁考中进士，被任命做扬州司理参军，掌管刑讼审讯。三年后，被推荐到京师昭文馆编校书籍。在这里他开始研究天文历算。之后他兼任提举司天监，职

掌观测天象，推算历书。接着，沈括又担任了史馆检讨，因职务上的便利条件，他有机会读到了更多的皇家藏书，充实了自己的学识。在天文学方面，沈括也取得了很大成就，他制造了我国古代观测天文的主要仪器—浑天仪、表示太阳影子的景表等。沈括根据二十四节气制定了一种名为"十二气历"的历法，它不同于中国传统的阴阳合历，而是一种纯阳历。传统的农事一直是按节气安排的，故"十二气历"简单明了，在农业上运用起来也比较方便。它是中国历法史上一次革命性的创新。在物理学方面，他发现地磁偏角的存在，比欧洲早了四百多年；记录了指南针原理及制作方法；还阐述了凹面镜成像的原理；对共振等规律也有研究。在数学方面，他创立了隙积术（二阶等差级数的求和法）、会圆术（求弓形的弦和弧长的方法）。在地质学方面，他对冲积平原的形成、水的侵蚀作用等都有研究，并首先提出了石油的命名。医学方面也有多部医学著作。晚年以平生见闻，在镇江梦溪园撰写了笔记体巨著《梦溪笔谈》，这部著作详细记载了我国古代劳动人民在科学技术方面的卓越贡献和他自己的研究成果，反映了我国古代特别是北宋时期自然科学的辉煌成就。《梦溪笔谈》不仅是我国古代的学术瑰宝，而且在世界文化史上也有重要的地位，被誉为"中国科学史上的坐标"。

## （四）郭守敬

郭守敬，字若思，顺德邢台（今河北邢台）人。生于元太宗三年（1231年），卒于元仁宗延祐三年（1316年），是中国元代杰出的天文学家、水利专家和仪器制造家。他承祖父郭荣家学，攻研天文、算学、水利。少年时，郭守敬便能根据北宋燕肃的莲花漏图，将这一计时仪器的原理讲得十分清楚；还曾用竹篾扎浑天仪，积土为台，用来观测恒星。后来郭守敬师从刘秉忠。刘秉忠是当时著名学者，精通天文、数学、地理等学问。

　　郭守敬和王恂、许衡等人，共同编制出我国古代最先进、施行最久的历法《授时历》。为了修历郭守敬设计和监制了多种新仪器：简仪、高表、候极仪、浑天象、玲珑仪、仰仪、立运仪、证理仪、景符、窥几、日月食仪以及星晷定时仪。这些仪器在当时是处于世界先进水平的。在编纂的过程中，郭守敬还创立了招差法和弧矢割圆法这两种先进的数学方法。

　　为纪念郭守敬的功绩，人们将月球背面的一环形山命名为"郭守敬环形山"，将小行星2012命名为"郭守敬小行星"。

古代天文历法